기적의 계산법

초등 2학년

4권

기적의 계산법 · 4권

초판 발행 2021년 12월 20일
초판 10쇄 2024년 7월 31일

지은이 기적학습연구소
발행인 이종원
발행처 길벗스쿨
출판사 등록일 2006년 7월 1일
주소 서울시 마포구 월드컵로 10길 56(서교동)
대표 전화 02)332-0931 | **팩스** 02)333-5409
홈페이지 school.gilbut.co.kr | **이메일** gilbut@gilbut.co.kr

기획 이선정(dinga@gilbut.co.kr) | **편집진행** 이선정, 홍현경
제작 이준호, 손일순, 이진혁 | **영업마케팅** 문세연, 박선경, 박다슬 | **웹마케팅** 박달님, 이재윤, 이지수, 나혜연
영업관리 김명자, 정경화 | **독자지원** 윤정아
디자인 정보라 | **표지 일러스트** 김다예 | **본문 일러스트** 김지하
전산편집 글사랑 | **CTP 출력·인쇄·제본** 예림인쇄

▶ 본 도서는 '절취선 형성을 위한 제본용 접지 장치(Folding apparatus for bookbinding)' 기술 적용도서입니다.
특허 제10-2301169호
▶ 잘못 만든 책은 구입한 서점에서 바꿔 드립니다.

ISBN 979-11-6406-401-4 64410
(길벗 도서번호 10812)

정가 9,000원

연산, 왜 해야 하나요?

"계산은 계산기가 하면 되지,
다 아는데 이 지겨운 걸 계속 풀어야 해?"
아이들은 자주 이렇게 말해요. 연산 훈련, 꼭 시켜야 할까요?

1. 초등수학의 80%, 연산

초등수학의 5개 영역 중에서 가장 많은 부분을 차지하는 것이 바로 수와 연산입니다. 절반 정도를 차지하고 있어요.
그런데 곰곰이 생각해 보면 도형, 측정 영역에서 길이의 덧셈과 뺄셈, 시간의 합과 차, 도형의 둘레와 넓이처럼
다른 영역의 문제를 풀 때도 마지막에는 연산 과정이 있죠.
이때 연산이 충분히 훈련되지 않으면 문제를 끝까지 해결하기 어려워집니다.
초등학교 수학의 핵심은 연산입니다. 연산을 잘하면 수학이 재미있어지고 점점 자신감이 붙어서 수학을 잘할 수 있어요.
연산 훈련으로 아이의 '수학자신감'을 키워주세요.

2. 아깝게 틀리는 이유, 계산 실수 때문에!
시험 시간이 부족한 이유, 계산이 느려서!

1, 2학년의 연산은 눈으로도 풀 수 있는 문제가 많아요. 하지만 고학년이 될수록 연산은 점점 복잡해지고,
한 문제를 풀기 위해 거쳐야 하는 연산 횟수도 훨씬 많아집니다. 중간에 한 번만 실수해도 문제를 틀리게 되죠.
아이가 작은 연산 실수로 문제를 틀리는 것만큼 안타까울 때가 또 있을까요?
어려운 글도 잘 이해했고, 식도 잘 세웠는데 아주 작은 실수로 문제를 틀리면 엄마도 속상하고, 아이는 더 속상하죠.
게다가 고학년일수록 수학이 더 어려워지기 때문에 계산하는 데 시간이 오래 걸리면 정작 문제를 풀 시간이 부족하고,
급한 마음에 실수도 종종 생깁니다.
가볍게 생각하고 그대로 방치하면 중·고등학생이 되었을 때 이 부분이 수학 공부에 치명적인 약점이 될 수 있어요.
공부할 내용은 늘고 시험 시간은 줄어드는데, 절차가 많고 복잡한 문제를 해결할 시간까지 모자랄 수 있으니까요.
연산은 쉽더라도 정확하게 푸는 반복 훈련이 꼭 필요해요. 처음 배울 때부터 차근차근 실력을 다져야 합니다.
처음에는 느릴 수 있어요. 이제 막 배운 내용이거나 어려운 연산은 손에 익히는 데까지 시간이 필요하지만,
정확하게 푸는 연습을 꾸준히 하면 문제를 푸는 속도는 자연스럽게 빨라집니다.
꾸준한 반복 학습으로 연산의 '정확성'과 '속도' 두 마리 토끼를 모두 잡으세요.

연산, 이렇게 공부하세요.

연산을 왜 해야 하는지는 알겠는데, 어떻게 시작해야 할지 고민되시나요?
연산 훈련을 위한 다섯 가지 방법을 알려 드릴게요.

1 매일 같은 시간, 같은 양을 학습하세요.

공부 습관을 만들 때는 학습 부담을 줄이고 최소한의 시간으로 작게 목표를 잡아서 지금 할 수 있는 것부터 시작하는 것이 좋습니다. 이때 제격인 것이 바로 연산 훈련입니다. '얼마나 많은 양을 공부하는가'보다 '얼마나 꾸준히 했느냐'가 연산 능력을 키우는 가장 중요한 열쇠거든요.

매일 같은 시간, 하루에 10분씩 가벼운 마음으로 연산 문제를 풀어 보세요. 등교 전이나 하교 후, 저녁 먹은 후에 해도 좋아요. 학교 쉬는 시간에 풀 수 있게 책가방 안에 한 장 쏙 넣어줄 수도 있죠. 중요한 것은 매일, 같은 시간, 같은 양으로 아이만의 공부 루틴을 만드는 것입니다. 메인 학습 전에 워밍업으로 활용하면 짧은 시간 몰입하는 집중력이 강화되어 공부 부스터의 역할을 할 수도 있어요.

아이가 자라고, 점점 공부할 양이 늘어나면 가장 중요한 것이 바로 매일 공부하는 습관을 만드는 일입니다. 어릴 때부터 계획하고 실행하는 습관을 만들면 작은 성취감과 자신감이 쌓이면서 다른 일도 해낼 수 있는 내공이 생겨요.

톡톡, 한 장씩 가볍게!

한 장과 한 권은 아이가 체감하는 부담이 달라요. 학습량에 대한 부담감이 줄어들면 아이의 공부 습관을 더 쉽게 만들 수 있어요.

2 반복 학습으로 '정확성'부터 '속도'까지 모두 잡아요.

피아노 연주를 배운다고 생각해 보세요. 처음부터 한 곡을 아름답게 연주할 수 있나요? 악보를 읽고, 건반을 하나하나 누르는 게 가능해도 각 음을 박자에 맞춰 정확하고 리듬감 있게 멜로디로 연주하려면 여러 번 반복해서 연습하는 과정이 꼭 필요합니다.

수학도 똑같아요. 개념을 알고 문제를 이해할 수 있어도 계산은 꼭 반복해서 훈련해야 합니다. 수나 식을 계산하는 데 시간이 걸리면 문제를 풀 시간이 모자라게 되고, 어려운 풀이 과정을 다 세워놓고도 마지막 단순 계산에서 실수를 하게 될 수도 있어요. 계산 방법을 몰라서 틀리는 게 아니라 절차 수행이 능숙하지 않아서 오작동을 일으키거나 시간이 오래 걸리는 거랍니다. 꾸준하게 같은 난이도의 문제를 충분히 반복하면 실수가 줄어들고, 점점 빠르게 계산할 수 있어요. 정확성과 속도를 높이는 데 중점을 두고 연산 훈련을 해서 수학의 기초를 튼튼하게 다지세요.

One Day 반복 설계

하루 1장, 2가지 유형
동일 난이도로 5일 반복

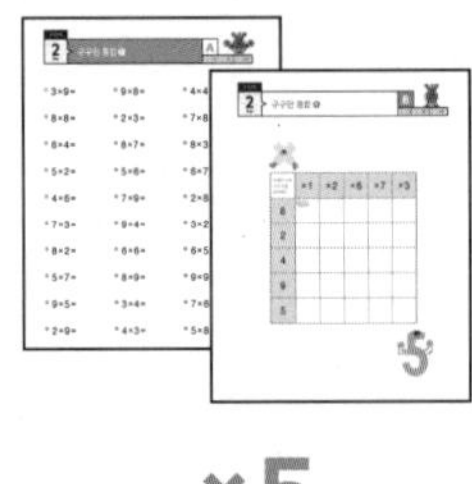

×5

3 반복은 아이 성향과 상황에 맞게 조절하세요.

연산 학습에 반복은 꼭 필요하지만, 아이가 지치고 수학을 싫어하게 만들 정도라면 반복하는 루틴을 조절해 보세요. 아이가 충분히 잘 알고 잘하는 주제라면 반복의 양을 줄일 수도 있고, 매일이 너무 바쁘다면 3일은 연산, 2일은 독해로 과목을 다르게 공부할 수도 있어요. 다만 남은 일차는 계산 실수가 잦을 때 다시 풀어보기로 아이와 약속해 두는 것이 좋아요.
아이의 성향과 현재 상황을 잘 살펴서 융통성 있게 반복하는 '내 아이 맞춤 패턴'을 만들어 보세요.

계산법 맞춤 패턴 만들기

1. 단계별로 3일치만 풀기
3일씩만 풀고, 남은 2일치는 시험 대비나 복습용으로 쓰세요.

2. 2단계씩 묶어서 반복하기
1, 2단계를 3일치씩 풀고 다시 1단계로 돌아가 남은 2일치를 풀어요. 교차학습은 지식을 좀더 오래 기억할 수 있도록 하죠.

4 응용 문제를 풀 때 필요한 연산까지 연습하세요.

연산 훈련을 충분히 하더라도 실제로 학교 시험에 나오는 문제를 보면 당황할 수 있어요. 아이들은 문제의 꼴이 조금만 달라져도 지레 겁을 냅니다.
특히 모르는 수를 □로 놓고 식을 세워야 하는 문장제가 학교 시험에 나오면 아이들은 당황하기 시작하죠. 아이 입장에서 기초 연산으로 해결할 수 없는 □ 자체가 낯설고 어떻게 풀어야 할지 고민될 수 있습니다.
이럴 때는 식 4+□=7을 7-4=□로 바꾸는 것에 익숙해지는 연습해 보세요. 학교에서 알려주지 않지만 응용 문제에는 꼭 필요한 □가 있는 식을 훈련하면 연산에서 응용까지 쉽게 연결할 수 있어요. 스스로 세수를 하고 싶지만 세면대가 너무 높은 아이를 위해 작은 계단을 놓아준다고 생각하세요.

초등 방정식 훈련

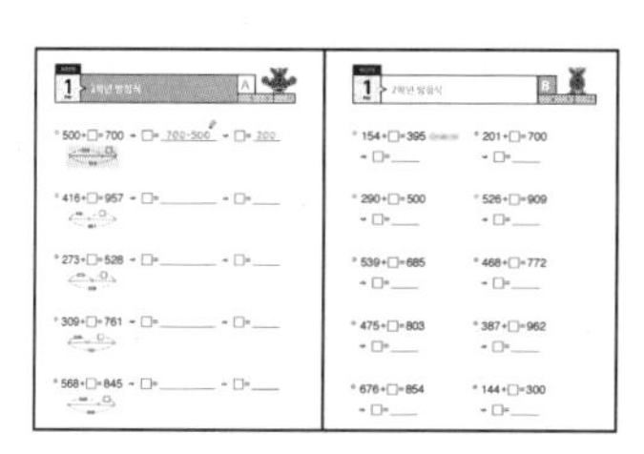

초등학생 눈높이에 맞는 □가 있는 식 바꾸기 훈련으로 한 권을 마무리하세요. 문장제처럼 다양한 연산 활용 문제를 푸는 밑바탕을 만들 수 있어요.

5 아이 스스로 계획하고, 실천해서 자기공부력을 쑥쑥 키워요.

백 명의 아이들은 제각기 백 가지 색깔을 지니고 있어요. 아이가 승부욕이 있다면 시간 재기를, 계획 세우는 것을 좋아한다면 스스로 약속을 할 수 있게 돕는 것도 좋아요. 아이와 많은 이야기를 나누면서 공부가 잘되는 시간, 환경, 동기 부여 방법 등을 살펴보고 주도적으로 실천할 수 있는 분위기를 만드는 것이 중요합니다.
아이 스스로 계획하고 실천하면 오늘 약속한 것을 모두 끝냈다는 작은 성취감을 가질 수 있어요. 자기 공부에 대한 책임감도 생깁니다. 자신만의 공부 스타일을 찾고, 주도적으로 실천해야 자기공부력을 키울 수 있어요.

나만의 학습 기록표

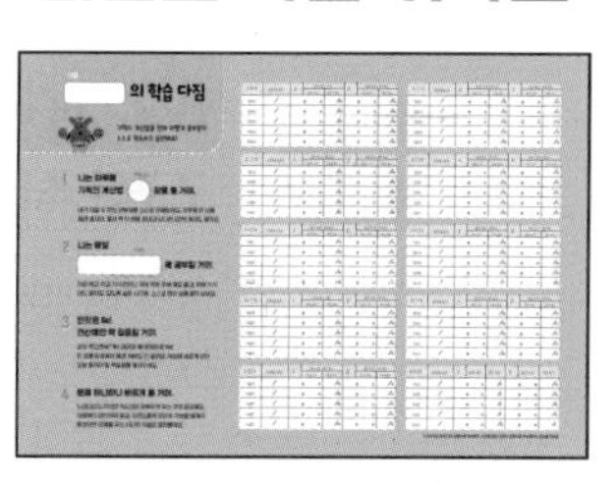

잘 보이는 곳에 붙여놓고 주도적으로 실천해요. 어제보다, 지난주보다, 지난달보다 나아진 실력을 보면서 뿌듯함을 느껴보세요!

권별 학습 구성

〈기적의 계산법〉은 유아 단계부터 초등 6학년까지로 구성된 연산 프로그램 교재입니다.
권별, 단계별 내용을 한눈에 확인하고,
유아부터 초등까지 〈기적의 계산법〉으로 공부하세요.

유아 5~7세

권	내용	권	내용
P1권	10까지의 구조적 수 세기	P4권	100까지의 구조적 수 세기
P2권	5까지의 덧셈과 뺄셈	P5권	10의 덧셈과 뺄셈
P3권	10보다 작은 덧셈과 뺄셈	P6권	10보다 큰 덧셈과 뺄셈

초1

1권 자연수의 덧셈과 뺄셈 초급

단계	내용
1단계	수를 가르고 모으기
2단계	합이 9까지인 덧셈
3단계	차가 9까지인 뺄셈
4단계	합과 차가 9까지인 덧셈과 뺄셈 종합
5단계	연이은 덧셈, 뺄셈
6단계	(몇십)+(몇), (몇)+(몇십)
7단계	(몇십몇)+(몇), (몇십몇)-(몇)
8단계	(몇십)+(몇십), (몇십)-(몇십)
9단계	(몇십몇)+(몇십몇), (몇십몇)-(몇십몇)
10단계	1학년 방정식

2권 자연수의 덧셈과 뺄셈 중급

단계	내용
11단계	10을 가르고 모으기, 10의 덧셈과 뺄셈
12단계	연이은 덧셈, 뺄셈
13단계	받아올림이 있는 (몇)+(몇)
14단계	받아내림이 있는 (십몇)-(몇)
15단계	받아올림/받아내림이 있는 덧셈과 뺄셈 종합
16단계	(두 자리 수)+(한 자리 수)
17단계	(두 자리 수)-(한 자리 수)
18단계	두 자리 수와 한 자리 수의 덧셈과 뺄셈 종합
19단계	덧셈과 뺄셈의 혼합 계산
20단계	1학년 방정식

초2

3권 자연수의 덧셈과 뺄셈 중급
구구단 초급

단계	내용
21단계	(두 자리 수)+(두 자리 수)
22단계	(두 자리 수)-(두 자리 수)
23단계	두 자리 수의 덧셈과 뺄셈 종합 ①
24단계	두 자리 수의 덧셈과 뺄셈 종합 ②
25단계	같은 수를 여러 번 더하기
26단계	구구단 2, 5, 3, 4단 ①
27단계	구구단 2, 5, 3, 4단 ②
28단계	구구단 6, 7, 8, 9단 ①
29단계	구구단 6, 7, 8, 9단 ②
30단계	2학년 방정식

4권 구구단 중급
자연수의 덧셈과 뺄셈 고급

단계	내용
31단계	구구단 종합 ①
32단계	구구단 종합 ②
33단계	(세 자리 수)+(세 자리 수) ①
34단계	(세 자리 수)+(세 자리 수) ②
35단계	(세 자리 수)-(세 자리 수) ①
36단계	(세 자리 수)-(세 자리 수) ②
37단계	(세 자리 수)-(세 자리 수) ③
38단계	세 자리 수의 덧셈과 뺄셈 종합 ①
39단계	세 자리 수의 덧셈과 뺄셈 종합 ②
40단계	2학년 방정식

초3

5권 자연수의 곱셈과 나눗셈 초급

41단계 (두 자리 수)×(한 자리 수) ①
42단계 (두 자리 수)×(한 자리 수) ②
43단계 (두 자리 수)×(한 자리 수) ③
44단계 (세 자리 수)×(한 자리 수) ①
45단계 (세 자리 수)×(한 자리 수) ②
46단계 곱셈 종합
47단계 나눗셈 기초
48단계 구구단 범위에서의 나눗셈 ①
49단계 구구단 범위에서의 나눗셈 ②
50단계 3학년 방정식

6권 자연수의 곱셈과 나눗셈 중급

51단계 (몇십)×(몇십), (몇십몇)×(몇십)
52단계 (두 자리 수)×(두 자리 수) ①
53단계 (두 자리 수)×(두 자리 수) ②
54단계 (몇십)÷(몇), (몇백몇십)÷(몇)
55단계 (두 자리 수)÷(한 자리 수) ①
56단계 (두 자리 수)÷(한 자리 수) ②
57단계 (두 자리 수)÷(한 자리 수) ③
58단계 (세 자리 수)÷(한 자리 수) ①
59단계 (세 자리 수)÷(한 자리 수) ②
60단계 3학년 방정식

초4

7권 자연수의 곱셈과 나눗셈 고급

61단계 몇십, 몇백 곱하기
62단계 (세 자리 수)×(몇십)
63단계 (세 자리 수)×(두 자리 수)
64단계 몇십으로 나누기
65단계 (세 자리 수)÷(몇십)
66단계 (두 자리 수)÷(두 자리 수)
67단계 (세 자리 수)÷(두 자리 수) ①
68단계 (세 자리 수)÷(두 자리 수) ②
69단계 곱셈과 나눗셈 종합
70단계 4학년 방정식

8권 분수, 소수의 덧셈과 뺄셈 중급

71단계 대분수를 가분수로, 가분수를 대분수로 나타내기
72단계 분모가 같은 진분수의 덧셈과 뺄셈
73단계 분모가 같은 대분수의 덧셈과 뺄셈
74단계 분모가 같은 분수의 덧셈
75단계 분모가 같은 분수의 뺄셈
76단계 분모가 같은 분수의 덧셈과 뺄셈 종합
77단계 자릿수가 같은 소수의 덧셈과 뺄셈
78단계 자릿수가 다른 소수의 덧셈
79단계 자릿수가 다른 소수의 뺄셈
80단계 4학년 방정식

초5

9권 분수의 덧셈과 뺄셈 고급

81단계 약수와 공약수, 배수와 공배수
82단계 최대공약수와 최소공배수
83단계 공약수와 최대공약수, 공배수와 최소공배수의 관계
84단계 약분
85단계 통분
86단계 분모가 다른 진분수의 덧셈과 뺄셈
87단계 분모가 다른 대분수의 덧셈과 뺄셈 ①
88단계 분모가 다른 대분수의 덧셈과 뺄셈 ②
89단계 분모가 다른 분수의 덧셈과 뺄셈 종합
90단계 5학년 방정식

10권 혼합 계산 / 분수, 소수의 곱셈 중급

91단계 덧셈과 뺄셈, 곱셈과 나눗셈의 혼합 계산
92단계 덧셈, 뺄셈, 곱셈의 혼합 계산
93단계 덧셈, 뺄셈, 나눗셈의 혼합 계산
94단계 덧셈, 뺄셈, 곱셈, 나눗셈의 혼합 계산
95단계 (분수)×(자연수), (자연수)×(분수)
96단계 (분수)×(분수) ①
97단계 (분수)×(분수) ②
98단계 (소수)×(자연수), (자연수)×(소수)
99단계 (소수)×(소수)
100단계 5학년 방정식

초6

11권 분수, 소수의 나눗셈 중급

101단계 (자연수)÷(자연수), (분수)÷(자연수)
102단계 분수의 나눗셈 ①
103단계 분수의 나눗셈 ②
104단계 분수의 나눗셈 ③
105단계 (소수)÷(자연수)
106단계 몫이 소수인 (자연수)÷(자연수)
107단계 소수의 나눗셈 ①
108단계 소수의 나눗셈 ②
109단계 소수의 나눗셈 ③
110단계 6학년 방정식

12권 비 / 중등방정식

111단계 비와 비율
112단계 백분율
113단계 비교하는 양, 기준량 구하기
114단계 가장 간단한 자연수의 비로 나타내기
115단계 비례식
116단계 비례배분
117단계 중학교 방정식 ①
118단계 중학교 방정식 ②
119단계 중학교 방정식 ③
120단계 중학교 혼합 계산

차례

31 단계

구구단 종합 ❶

▶ 학습계획 : 매일 공부할 날짜를 정하고, 계획에 맞게 공부하세요.

일차	1일차	2일차	3일차	4일차	5일차
날짜	/	/	/	/	/

▶ 학습연계 : 지금 무엇을 배우는지 확인하고, 이전에 배운 단계와 앞으로 배울 단계를 살펴보세요.

구구단 종합 ❶

2단	3단	4단	5단
2×1= 2	3×1= 3	4×1= 4	5×1= 5
2×2= 4	3×2= 6	4×2= 8	5×2=10
2×3= 6	3×3= 9	4×3=12	5×3=15
2×4= 8	3×4=12	4×4=16	5×4=20
2×5=10	3×5=15	4×5=20	5×5=25
2×6=12	3×6=18	4×6=24	5×6=30
2×7=14	3×7=21	4×7=28	5×7=35
2×8=16	3×8=24	4×8=32	5×8=40
2×9=18	3×9=27	4×9=36	5×9=45

6단	7단	8단	9단
6×1= 6	7×1= 7	8×1= 8	9×1= 9
6×2=12	7×2=14	8×2=16	9×2=18
6×3=18	7×3=21	8×3=24	9×3=27
6×4=24	7×4=28	8×4=32	9×4=36
6×5=30	7×5=35	8×5=40	9×5=45
6×6=36	7×6=42	8×6=48	9×6=54
6×7=42	7×7=49	8×7=56	9×7=63
6×8=48	7×8=56	8×8=64	9×8=72
6×9=54	7×9=63	8×9=72	9×9=81

31단계

1 Day

구구단 종합 ❶

A

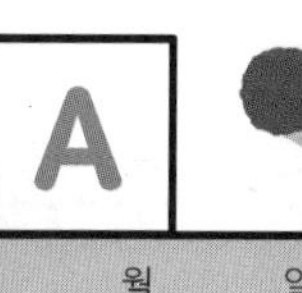

월 일 / 30

① $2\times6=$

② $7\times2=$

③ $6\times8=$

④ $9\times4=$

⑤ $5\times5=$

⑥ $7\times7=$

⑦ $4\times2=$

⑧ $8\times5=$

⑨ $9\times7=$

⑩ $3\times5=$

⑪ $5\times9=$

⑫ $8\times4=$

⑬ $4\times8=$

⑭ $6\times3=$

⑮ $3\times7=$

⑯ $8\times6=$

⑰ $2\times5=$

⑱ $7\times4=$

⑲ $9\times3=$

⑳ $6\times9=$

㉑ $6\times2=$

㉒ $9\times9=$

㉓ $5\times4=$

㉔ $2\times4=$

㉕ $7\times5=$

㉖ $5\times7=$

㉗ $9\times2=$

㉘ $3\times3=$

㉙ $4\times5=$

㉚ $8\times8=$

1 Day 구구단 종합 ①

B

월 일 / 25

아래의 수에 위의 수를 곱하세요!	×5	×4	×2	×9	×8
7	7×5				
3					
1					
6					
5					

2 Day 구구단 종합 ①

A

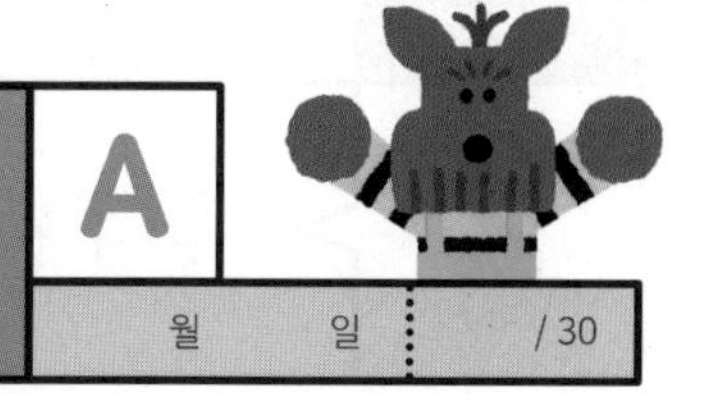

월 일 / 30

① $3 \times 9 =$

② $8 \times 8 =$

③ $6 \times 4 =$

④ $5 \times 2 =$

⑤ $4 \times 6 =$

⑥ $7 \times 3 =$

⑦ $8 \times 2 =$

⑧ $5 \times 7 =$

⑨ $9 \times 5 =$

⑩ $2 \times 9 =$

⑪ $9 \times 8 =$

⑫ $2 \times 3 =$

⑬ $8 \times 7 =$

⑭ $5 \times 6 =$

⑮ $7 \times 9 =$

⑯ $9 \times 4 =$

⑰ $6 \times 6 =$

⑱ $8 \times 9 =$

⑲ $3 \times 4 =$

⑳ $4 \times 3 =$

㉑ $4 \times 4 =$

㉒ $7 \times 8 =$

㉓ $8 \times 3 =$

㉔ $6 \times 7 =$

㉕ $2 \times 8 =$

㉖ $3 \times 2 =$

㉗ $6 \times 5 =$

㉘ $9 \times 9 =$

㉙ $7 \times 6 =$

㉚ $5 \times 8 =$

31단계

2 Day

구구단 종합 ❶

B

월 일 / 25

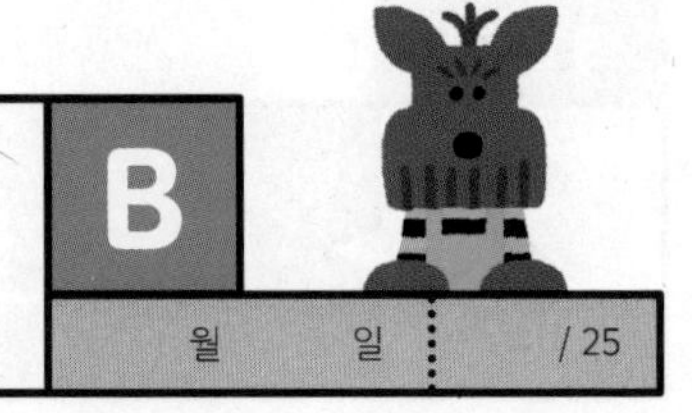

아래의 수에 위의 수를 곱하세요!	×1	×2	×6	×7	×3
8	8×1				
2					
4					
9					
5					

3 Day 구구단 종합 ①

A

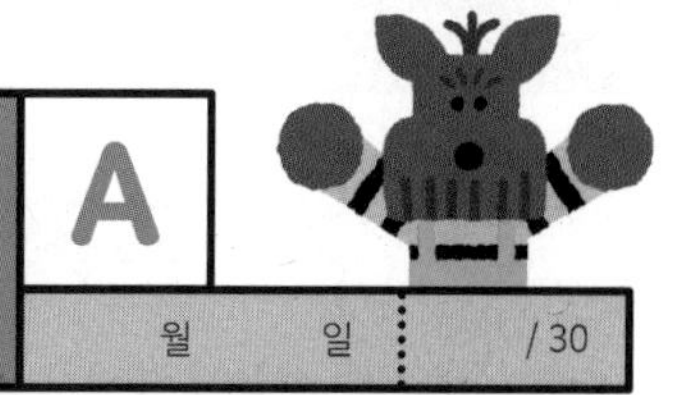

월 일 / 30

① $5\times7=$

② $9\times2=$

③ $2\times7=$

④ $3\times3=$

⑤ $4\times9=$

⑥ $7\times7=$

⑦ $6\times2=$

⑧ $9\times6=$

⑨ $4\times7=$

⑩ $8\times4=$

⑪ $7\times3=$

⑫ $6\times9=$

⑬ $3\times8=$

⑭ $5\times2=$

⑮ $8\times5=$

⑯ $4\times4=$

⑰ $9\times5=$

⑱ $5\times3=$

⑲ $6\times7=$

⑳ $2\times2=$

㉑ $3\times6=$

㉒ $5\times8=$

㉓ $8\times6=$

㉔ $6\times3=$

㉕ $9\times7=$

㉖ $7\times9=$

㉗ $2\times5=$

㉘ $4\times5=$

㉙ $8\times2=$

㉚ $7\times4=$

31단계

3 Day

구구단 종합 ❶

월 일 / 25

아래의 수에 위의 수를 곱하세요!	×5	×9	×6	×4	×8
3	3×5				
7					
1					
6					
2					

구구단 종합 ❶

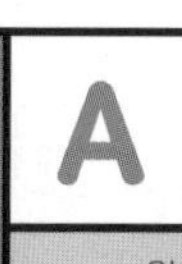

월 일 / 30

① $2\times9=$

② $8\times3=$

③ $7\times5=$

④ $9\times4=$

⑤ $3\times8=$

⑥ $6\times2=$

⑦ $5\times8=$

⑧ $5\times3=$

⑨ $8\times7=$

⑩ $4\times3=$

⑪ $4\times7=$

⑫ $5\times4=$

⑬ $8\times6=$

⑭ $3\times4=$

⑮ $2\times7=$

⑯ $9\times8=$

⑰ $4\times6=$

⑱ $7\times8=$

⑲ $3\times9=$

⑳ $6\times5=$

㉑ $8\times9=$

㉒ $3\times7=$

㉓ $6\times4=$

㉔ $7\times2=$

㉕ $2\times6=$

㉖ $4\times9=$

㉗ $5\times6=$

㉘ $2\times4=$

㉙ $6\times3=$

㉚ $9\times6=$

구구단 종합 ❶

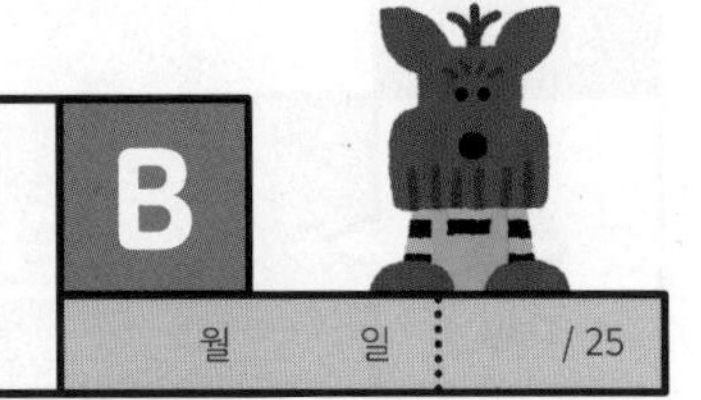

아래의 수에 위의 수를 곱하세요!	×6	×3	×5	×7	×2
9	9×6				
8					
7					
0					
4					

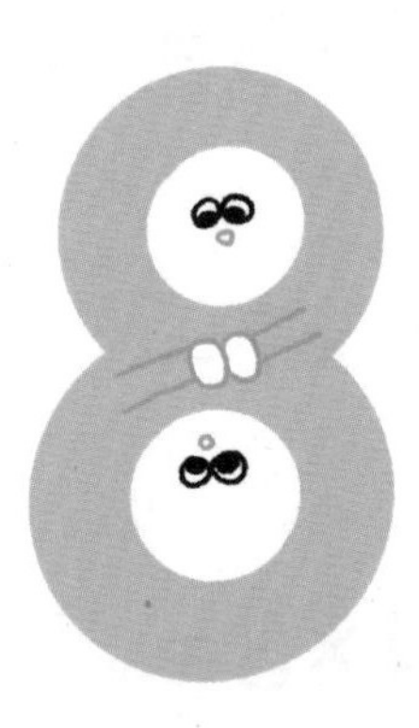

31단계

구구단 종합 ❶

① $9\times3=$

② $5\times8=$

③ $7\times6=$

④ $4\times2=$

⑤ $8\times5=$

⑥ $2\times7=$

⑦ $5\times3=$

⑧ $3\times9=$

⑨ $6\times6=$

⑩ $7\times4=$

⑪ $3\times2=$

⑫ $7\times7=$

⑬ $9\times5=$

⑭ $6\times8=$

⑮ $2\times4=$

⑯ $8\times3=$

⑰ $4\times5=$

⑱ $5\times6=$

⑲ $9\times9=$

⑳ $2\times6=$

㉑ $6\times3=$

㉒ $8\times7=$

㉓ $2\times9=$

㉔ $9\times6=$

㉕ $5\times5=$

㉖ $3\times4=$

㉗ $8\times8=$

㉘ $7\times2=$

㉙ $6\times5=$

㉚ $4\times8=$

5 Day 구구단 종합 ❶

아래의 수에 위의 수를 곱하세요!	×4	×7	×9	×6	×5
0	0×4				
5					
2					
8					
3					

32 단계 구구단 종합 ②

▶ 학습계획 : 매일 공부할 날짜를 정하고, 계획에 맞게 공부하세요.

일차	1일차	2일차	3일차	4일차	5일차
날짜	/	/	/	/	/

▶ 학습연계 : 지금 무엇을 배우는지 확인하고, 이전에 배운 단계와 앞으로 배울 단계를 살펴보세요.

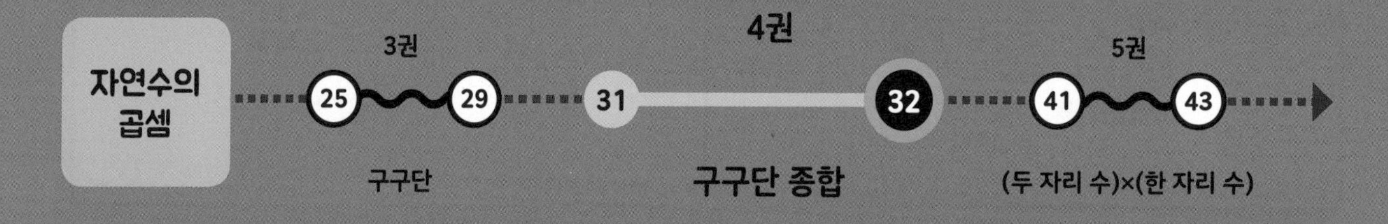

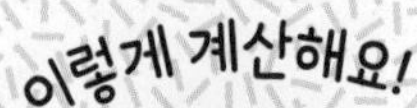

32 구구단 종합 ❷

구구단으로 빈칸을 채워요.

이번에는 빈칸 채우기로 구구단 외우기를 완성해 봅시다.

5×□=35 → 5×[7]=35

5단을 외워 곱이 35가 되는 곱셈식을 찾아요.

□×9=18 → [2]×9=18

□×9=9×□

9단을 외워 곱이 18이 되는 곱셈식을 찾아요.

곱셈은 두 수를 바꾸어 곱해도 계산 결과가 같으므로 □×9=9×□예요.
□×9를 9×□로 생각하여 9단을 외우면 문제를 해결할 수 있어요.

곱셈식에서 모르는 수 □를 보더라도 겁내지 말고 구구단을 외워 답을 찾아보세요.

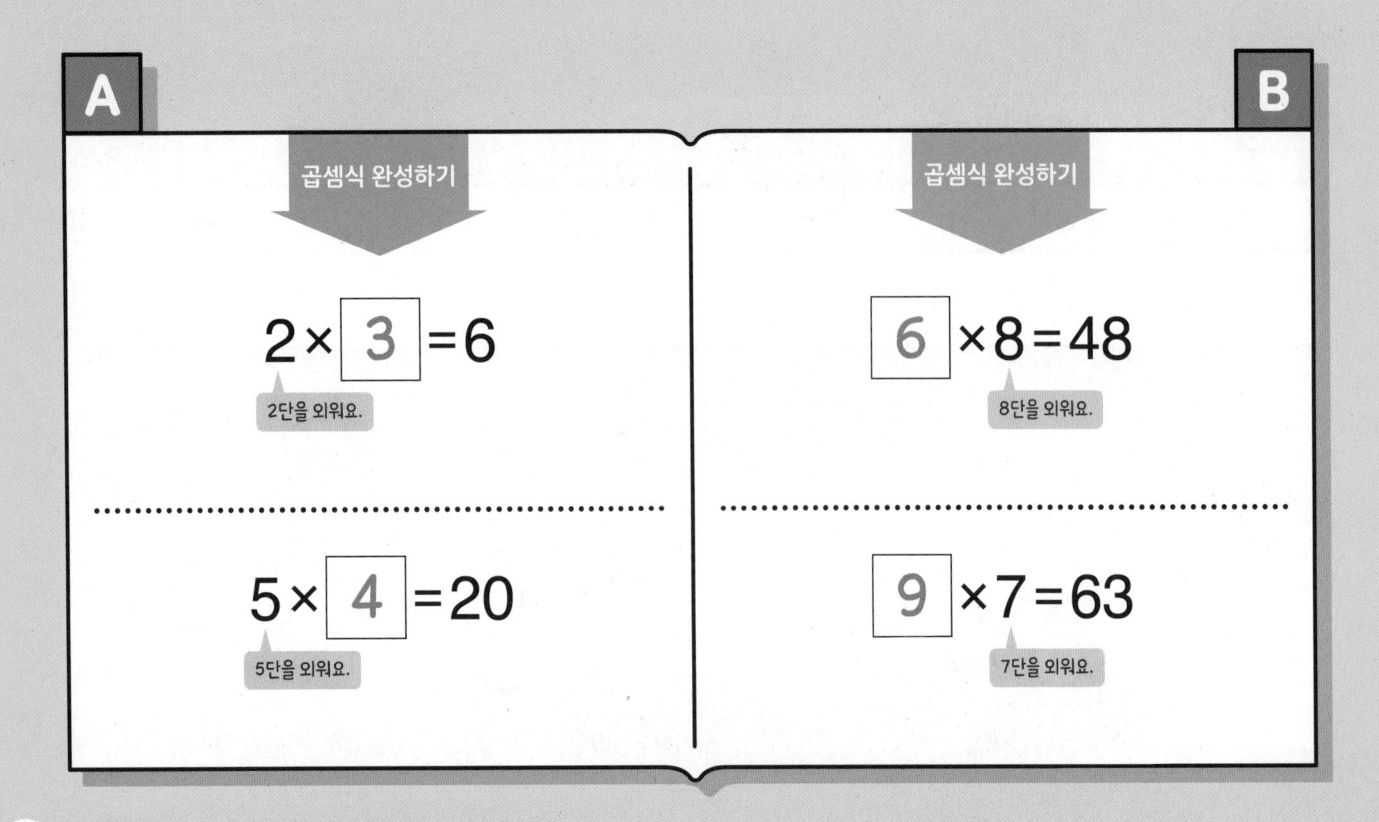

1 Day 구구단 종합 ❷

A

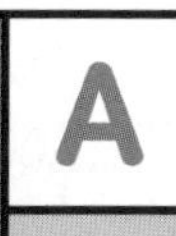

월 일 / 30

① $9\times\square=45$

(9 × 5 = 45)

② $8\times\square=7$[illegible]

③ $7\times\square=$[illegible]

④ $5\times\square=$[illegible]5

⑤ $8\times\square=16$

⑥ $9\times\square=27$

⑦ $7\times\square=28$

⑧ $2\times\square=6$

⑨ $8\times\square=32$

⑩ $6\times\square=18$

⑪ $6\times\square=24$

⑫ $7\times\square=14$

⑬ $5\times\square=30$

⑭ $6\times\square=54$

⑮ $7\times\square=21$

⑯ $3\times\square=15$

⑰ $2\times\square=12$

⑱ $4\times\square=32$

⑲ $3\times\square=6$

⑳ $5\times\square=25$

㉑ $7\times\square=35$

㉒ $6\times\square=48$

㉓ $5\times\square=20$

㉔ $8\times\square=24$

㉕ $7\times\square=63$

㉖ $4\times\square=28$

㉗ $5\times\square=35$

㉘ $6\times\square=30$

㉙ $3\times\square=24$

㉚ $5\times\square=10$

32단계

1 Day

구구단 종합 ❷

B

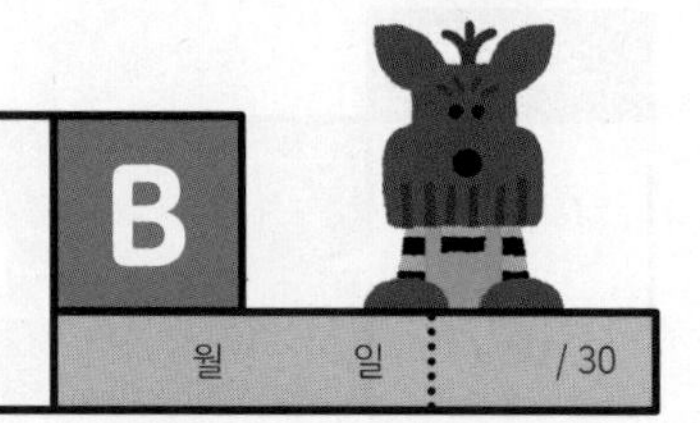

월 일 / 30

① $\square \times 3 = 18$ (3×6=18)

② $\square \times 9 = 36$

③ $\square \times 4 = 24$

④ $\square \times 7 = 21$

⑤ $\square \times 7 = 28$

⑥ $\square \times 2 = 16$

⑦ $\square \times 8 = 48$

⑧ $\square \times 6 = 30$

⑨ $\square \times 2 = 14$

⑩ $\square \times 3 = 24$

⑪ $\square \times 6 = 36$

⑫ $\square \times 6 = 42$

⑬ $\square \times 4 = 12$

⑭ $\square \times 9 = 63$

⑮ $\square \times 4 = 16$

⑯ $\square \times 8 = 64$

⑰ $\square \times 7 = 14$

⑱ $\square \times 6 = 48$

⑲ $\square \times 3 = 9$

⑳ $\square \times 7 = 63$

㉑ $\square \times 6 = 24$

㉒ $\square \times 5 = 45$

㉓ $\square \times 9 = 72$

㉔ $\square \times 6 = 18$

㉕ $\square \times 2 = 12$

㉖ $\square \times 5 = 40$

㉗ $\square \times 3 = 27$

㉘ $\square \times 4 = 28$

㉙ $\square \times 6 = 54$

㉚ $\square \times 4 = 32$

32단계

구구단 종합 ❷

A

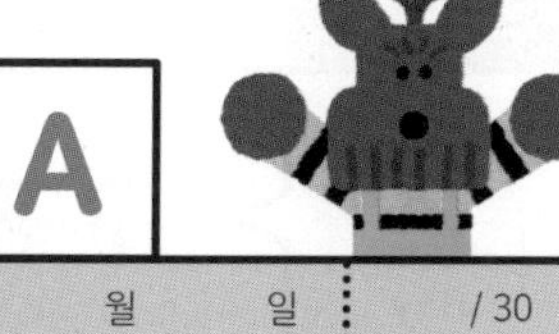

월 일 / 30

① $3 \times \square = 24$

3×8=24

② $4 \times \square = 12$

③ $8 \times \square = 56$

④ $5 \times \square = 20$

⑤ $4 \times \square = 8$

⑥ $2 \times \square = 12$

⑦ $7 \times \square = 49$

⑧ $7 \times \square = 56$

⑨ $6 \times \square = 30$

⑩ $5 \times \square = 30$

⑪ $4 \times \square = 32$

⑫ $8 \times \square = 16$

⑬ $5 \times \square = 15$

⑭ $7 \times \square = 14$

⑮ $5 \times \square = 25$

⑯ $4 \times \square = 36$

⑰ $3 \times \square = 6$

⑱ $2 \times \square = 8$

⑲ $5 \times \square = 45$

⑳ $3 \times \square = 15$

㉑ $6 \times \square = 18$

㉒ $7 \times \square = 21$

㉓ $4 \times \square = 28$

㉔ $6 \times \square = 54$

㉕ $9 \times \square = 18$

㉖ $3 \times \square = 21$

㉗ $6 \times \square = 48$

㉘ $2 \times \square = 18$

㉙ $6 \times \square = 24$

㉚ $8 \times \square = 24$

32단계

2 Day

구구단 종합 ❷

B

월 일 / 30

① $\square \times 4 = 8$

4×2=8

② $\square \times 7 = 42$

③ $\square \times 9 = 27$

④ $\square \times 4 = 12$

⑤ $\square \times 4 = 16$

⑥ $\square \times 8 = 56$

⑦ $\square \times 2 = 12$

⑧ $\square \times 2 = 8$

⑨ $\square \times 6 = 12$

⑩ $\square \times 7 = 35$

⑪ $\square \times 6 = 54$

⑫ $\square \times 9 = 18$

⑬ $\square \times 3 = 24$

⑭ $\square \times 2 = 18$

⑮ $\square \times 6 = 36$

⑯ $\square \times 8 = 40$

⑰ $\square \times 8 = 16$

⑱ $\square \times 9 = 45$

⑲ $\square \times 9 = 36$

⑳ $\square \times 2 = 16$

㉑ $\square \times 5 = 35$

㉒ $\square \times 4 = 36$

㉓ $\square \times 6 = 24$

㉔ $\square \times 7 = 56$

㉕ $\square \times 7 = 63$

㉖ $\square \times 4 = 32$

㉗ $\square \times 5 = 20$

㉘ $\square \times 7 = 49$

㉙ $\square \times 3 = 6$

㉚ $\square \times 6 = 30$

3 Day 구구단 종합 ❷

A

월 일 / 30

① $5 \times \square = 20$

5×4=20

② $6 \times \square = 36$

③ $5 \times \square = 15$

④ $9 \times \square = 18$

⑤ $6 \times \square = 18$

⑥ $5 \times \square = 10$

⑦ $4 \times \square = 28$

⑧ $7 \times \square = 14$

⑨ $8 \times \square = 48$

⑩ $3 \times \square = 18$

⑪ $8 \times \square = 16$

⑫ $2 \times \square = 18$

⑬ $2 \times \square = 8$

⑭ $4 \times \square = 36$

⑮ $5 \times \square = 45$

⑯ $6 \times \square = 24$

⑰ $5 \times \square = 30$

⑱ $8 \times \square = 40$

⑲ $3 \times \square = 27$

⑳ $7 \times \square = 42$

㉑ $3 \times \square = 12$

㉒ $9 \times \square = 54$

㉓ $7 \times \square = 63$

㉔ $9 \times \square = 45$

㉕ $8 \times \square = 64$

㉖ $8 \times \square = 72$

㉗ $2 \times \square = 14$

㉘ $9 \times \square = 27$

㉙ $4 \times \square = 16$

㉚ $3 \times \square = 9$

32단계

3 Day

구구단 종합 ❷

B

월 일 / 30

① $\square \times 6 = 18$ (6×3=18)

② $\square \times 4 = 12$

③ $\square \times 2 = 12$

④ $\square \times 5 = 35$

⑤ $\square \times 8 = 16$

⑥ $\square \times 7 = 21$

⑦ $\square \times 4 = 16$

⑧ $\square \times 7 = 35$

⑨ $\square \times 2 = 16$

⑩ $\square \times 4 = 36$

⑪ $\square \times 2 = 18$

⑫ $\square \times 3 = 6$

⑬ $\square \times 7 = 56$

⑭ $\square \times 5 = 20$

⑮ $\square \times 8 = 32$

⑯ $\square \times 7 = 14$

⑰ $\square \times 5 = 25$

⑱ $\square \times 9 = 72$

⑲ $\square \times 3 = 18$

⑳ $\square \times 7 = 63$

㉑ $\square \times 3 = 15$

㉒ $\square \times 6 = 54$

㉓ $\square \times 4 = 28$

㉔ $\square \times 9 = 45$

㉕ $\square \times 5 = 15$

㉖ $\square \times 8 = 40$

㉗ $\square \times 7 = 28$

㉘ $\square \times 2 = 6$

㉙ $\square \times 4 = 24$

㉚ $\square \times 6 = 48$

4 Day 구구단 종합 ❷

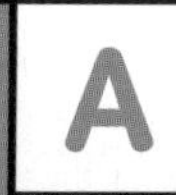

월 일 / 30

① $2 \times \square = 16$

2 × 8 = 16

② $7 \times \square = 49$

③ $9 \times \square = 36$

④ $6 \times \square = 30$

⑤ $3 \times \square = 24$

⑥ $4 \times \square = 8$

⑦ $6 \times \square = 18$

⑧ $4 \times \square = 36$

⑨ $9 \times \square = 18$

⑩ $6 \times \square = 54$

⑪ $2 \times \square = 18$

⑫ $4 \times \square = 32$

⑬ $5 \times \square = 45$

⑭ $8 \times \square = 16$

⑮ $5 \times \square = 25$

⑯ $7 \times \square = 14$

⑰ $6 \times \square = 48$

⑱ $2 \times \square = 8$

⑲ $8 \times \square = 24$

⑳ $3 \times \square = 15$

㉑ $3 \times \square = 21$

㉒ $5 \times \square = 15$

㉓ $6 \times \square = 24$

㉔ $7 \times \square = 21$

㉕ $6 \times \square = 36$

㉖ $4 \times \square = 28$

㉗ $2 \times \square = 10$

㉘ $8 \times \square = 72$

㉙ $3 \times \square = 18$

㉚ $8 \times \square = 64$

구구단 종합 ❷

① □×3=12

3×4=12

② □×7=42

③ □×4=12

④ □×9=81

⑤ □×8=56

⑥ □×4=16

⑦ □×2=12

⑧ □×8=16

⑨ □×3=24

⑩ □×6=54

⑪ □×8=72

⑫ □×8=40

⑬ □×6=12

⑭ □×2=16

⑮ □×6=36

⑯ □×3=27

⑰ □×7=14

⑱ □×9=36

⑲ □×3=15

⑳ □×8=64

㉑ □×6=48

㉒ □×7=56

㉓ □×2=18

㉔ □×6=24

㉕ □×7=63

㉖ □×5=20

㉗ □×5=45

㉘ □×4=32

㉙ □×5=30

㉚ □×4=28

5 Day 구구단 종합 ❷

월 일 / 30

① $5 \times \square = 35$

└ $5 \times 7 = 35$

② $6 \times \square = 30$

③ $5 \times \square = 20$

④ $4 \times \square = 8$

⑤ $9 \times \square = 81$

⑥ $4 \times \square = 12$

⑦ $8 \times \square = 56$

⑧ $5 \times \square = 10$

⑨ $2 \times \square = 16$

⑩ $2 \times \square = 4$

⑪ $4 \times \square = 36$

⑫ $5 \times \square = 15$

⑬ $8 \times \square = 24$

⑭ $5 \times \square = 25$

⑮ $6 \times \square = 18$

⑯ $3 \times \square = 24$

⑰ $6 \times \square = 24$

⑱ $2 \times \square = 18$

⑲ $3 \times \square = 15$

⑳ $4 \times \square = 28$

㉑ $7 \times \square = 21$

㉒ $8 \times \square = 16$

㉓ $6 \times \square = 48$

㉔ $3 \times \square = 21$

㉕ $5 \times \square = 30$

㉖ $7 \times \square = 14$

㉗ $6 \times \square = 54$

㉘ $9 \times \square = 18$

㉙ $2 \times \square = 8$

㉚ $6 \times \square = 36$

32단계

5 Day

구구단 종합 ❷

B

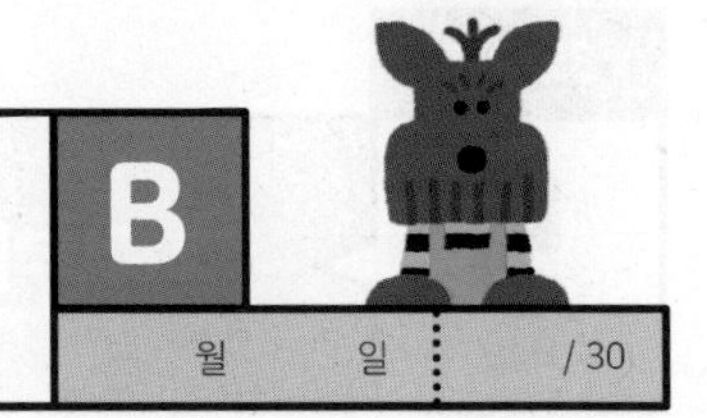

월 일 / 30

① $\square \times 6 = 42$ ($6 \times 7 = 42$)

② $\square \times 3 = 9$

③ $\square \times 9 = 18$

④ $\square \times 7 = 21$

⑤ $\square \times 6 = 54$

⑥ $\square \times 6 = 12$

⑦ $\square \times 8 = 64$

⑧ $\square \times 6 = 18$

⑨ $\square \times 5 = 45$

⑩ $\square \times 7 = 49$

⑪ $\square \times 9 = 36$

⑫ $\square \times 2 = 16$

⑬ $\square \times 7 = 63$

⑭ $\square \times 5 = 20$

⑮ $\square \times 8 = 16$

⑯ $\square \times 4 = 32$

⑰ $\square \times 6 = 36$

⑱ $\square \times 2 = 18$

⑲ $\square \times 7 = 14$

⑳ $\square \times 6 = 24$

㉑ $\square \times 7 = 56$

㉒ $\square \times 9 = 45$

㉓ $\square \times 3 = 27$

㉔ $\square \times 3 = 6$

㉕ $\square \times 4 = 28$

㉖ $\square \times 3 = 24$

㉗ $\square \times 5 = 15$

㉘ $\square \times 7 = 28$

㉙ $\square \times 6 = 30$

㉚ $\square \times 2 = 6$

(세 자리 수)+(세 자리 수) ❶

▶ 학습계획 : 매일 공부할 날짜를 정하고, 계획에 맞게 공부하세요.

일차	1일차	2일차	3일차	4일차	5일차
날짜	/	/	/	/	/

▶ 학습연계 : 지금 무엇을 배우는지 확인하고, 이전에 배운 단계와 앞으로 배울 단계를 살펴보세요.

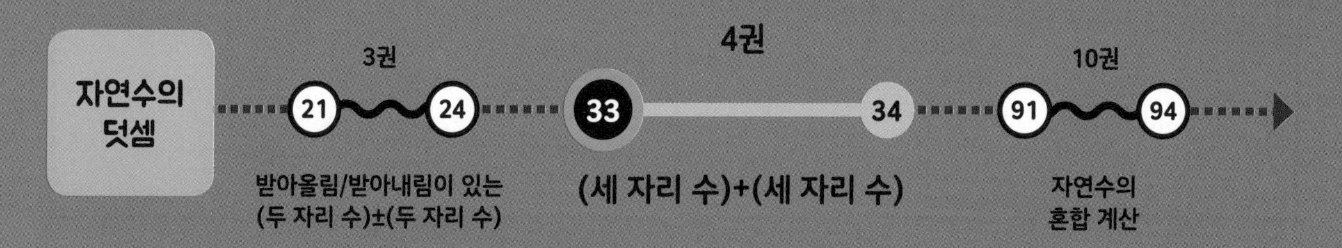

(세 자리 수)+(세 자리 수) ❶

일의 자리끼리, 십의 자리끼리, 백의 자리끼리 계산해요.

받아올림이 없는 경우

일의 자리부터 십의 자리, 백의 자리 순서로 같은 자리 수끼리 계산해요.

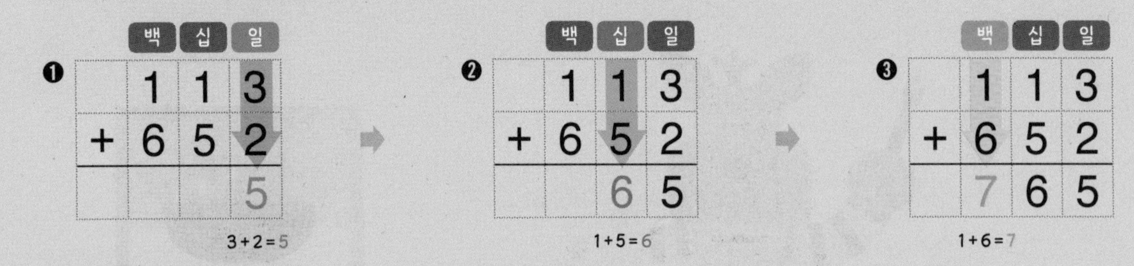

받아올림이 있는 경우

같은 자리 수끼리의 합이 10이거나 10보다 크면 바로 윗자리로 받아올림해요.
이때 받아올림한 수도 빠뜨리지 않고 더해야 하는 것, 잊지 말아요!

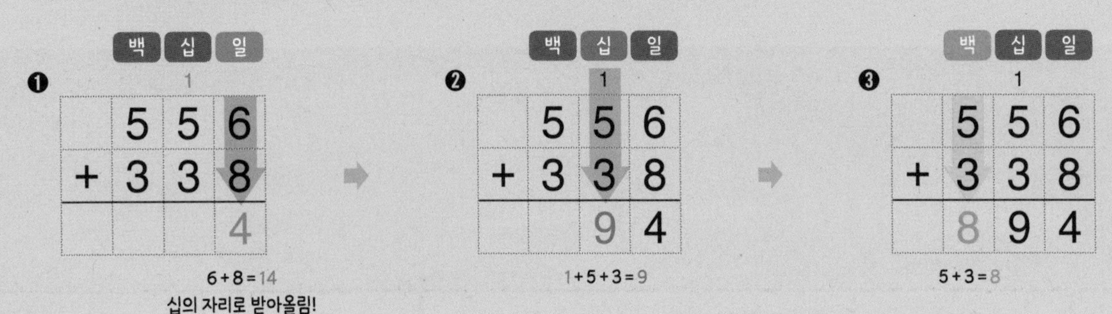

33단계

(세 자리 수) + (세 자리 수) ❶

A

월 일 / 15

①

	4	0	0
+		7	0

⑥

	6	4	4
+	5	5	5

⑪

	5	6	8
+	3	7	1

②

	3	0	0
+			5

⑦

	7	5	8
+	7	2	1

⑫

	4	4	5
+	3	8	4

③

	2	0	0
+	5	0	0

⑧

	3	0	5
+	2	1	9

⑬

	7	1	5
+	8	3	6

④

	6	5	0
+	3	0	4

⑨

	1	6	7
+	5	2	8

⑭

	6	4	9
+	9	3	8

⑤

	7	7	1
+	1	2	6

⑩

	5	3	6
+	3	2	4

⑮

	1	2	8
+	9	2	5

33단계

1 Day

(세 자리 수)+(세 자리 수) ❶

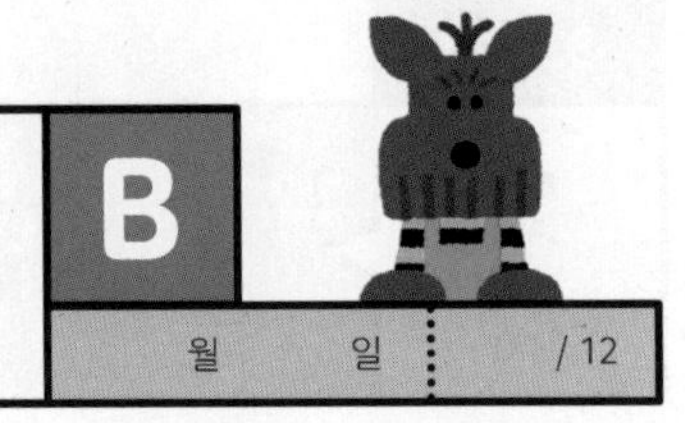

B

월 일 / 12

① $345+542=$

	3	4	5
+	5	4	2

⑤ $228+544=$

⑨ $777+715=$

② $256+933=$

⑥ $327+591=$

⑩ $445+738=$

③ $575+316=$

⑦ $644+185=$

⑪ $869+525=$

④ $237+555=$

⑧ $562+371=$

⑫ $638+657=$

33단계

(세 자리 수)+(세 자리 수) ①

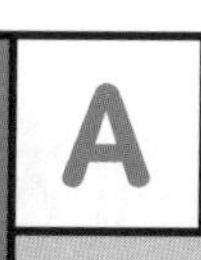

월 일 / 18

①

	6	0	0
+	3	2	0

②

	1	0	9
+	5	4	0

③

	2	7	3
+	4	1	5

④

	4	3	6
+	4	2	3

⑤

	7	4	1
+	5	2	6

⑥

	8	5	2
+	6	4	3

⑦

	1	3	6
+	4	5	4

⑧

	2	1	3
+	7	3	8

⑨

	4	8	1
+	3	5	5

⑩

	7	2	6
+	1	9	2

⑪

	2	3	5
+	2	2	7

⑫

	3	5	9
+	4	2	5

⑬

	2	7	3
+	6	5	2

⑭

	1	6	4
+	3	4	3

⑮

	7	5	9
+	6	1	3

⑯

	8	3	8
+	4	2	5

⑰

	5	2	7
+	7	4	5

⑱

	9	1	8
+	2	4	8

33단계

2 Day

(세 자리 수)+(세 자리 수) ❶

B

월 일 / 12

① 526+431=

	5	2	6
+	4	3	1

⑤ 317+214=

⑨ 827+468=

② 742+823=

⑥ 367+391=

⑩ 619+913=

③ 215+428=

⑦ 172+273=

⑪ 737+724=

④ 539+336=

⑧ 591+283=

⑫ 938+349=

33단계

3 Day

(세 자리 수)+(세 자리 수) ❶

A

월 일 / 18

① 200 + 580 =

② 630 + 207 =

③ 423 + 125 =

④ 351 + 412 =

⑤ 823 + 871 =

⑥ 612 + 745 =

⑦ 454 + 319 =

⑧ 237 + 647 =

⑨ 387 + 561 =

⑩ 144 + 574 =

⑪ 129 + 256 =

⑫ 548 + 415 =

⑬ 452 + 267 =

⑭ 395 + 452 =

⑮ 378 + 816 =

⑯ 945 + 835 =

⑰ 839 + 757 =

⑱ 653 + 529 =

33단계

3 Day (세 자리 수)+(세 자리 수) ❶

B

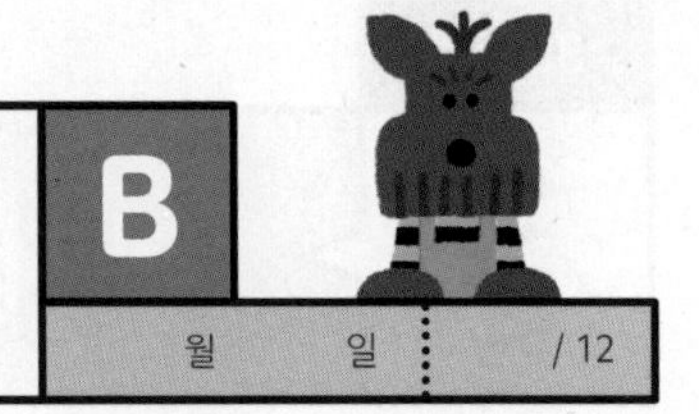

월 일 / 12

① 274+423=

	2	7	4
+	4	2	3

② 682+516=

③ 316+208=

④ 529+129=

⑤ 139+653=

⑥ 474+233=

⑦ 541+395=

⑧ 263+355=

⑨ 725+746=

⑩ 315+817=

⑪ 969+524=

⑫ 856+716=

(세 자리 수)+(세 자리 수) ①

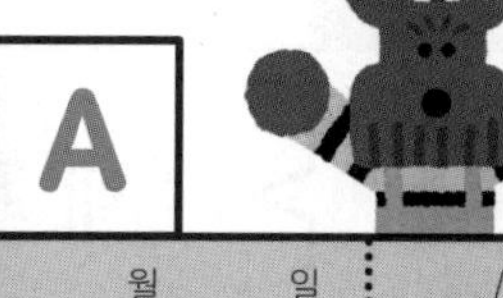

월 일 / 18

①
	5	0	0
+	1	9	0

②
	4	7	0
+	2	0	8

③
	1	5	2
+	3	4	3

④
	6	1	3
+	2	1	6

⑤
	6	5	2
+	8	3	6

⑥
	9	3	2
+	7	2	4

⑦
	3	0	9
+	5	1	3

⑧
	4	6	7
+	4	2	6

⑨
	5	8	4
+	2	4	1

⑩
	4	5	1
+	4	7	6

⑪
	9	4	9
+	2	1	9

⑫
	6	5	8
+	8	3	9

⑬
	6	3	4
+	2	1	8

⑭
	8	1	2
+	1	6	9

⑮
	3	8	5
+	1	6	3

⑯
	2	9	4
+	4	2	3

⑰
	8	7	5
+	3	0	8

⑱
	7	2	9
+	8	4	4

(세 자리 수)+(세 자리 수) ❶

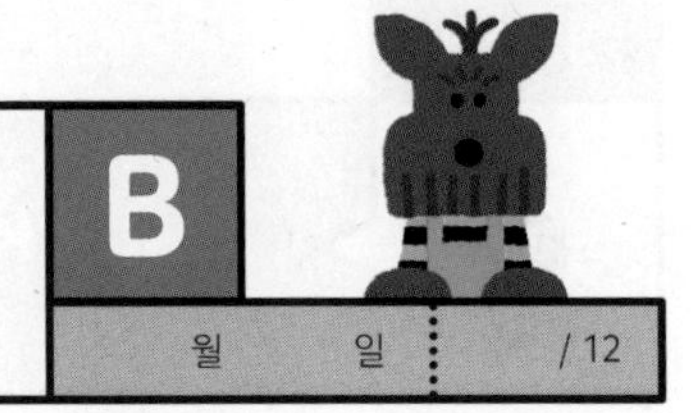

① 332+557=

	3	3	2
+	5	5	7

② 921+458=

③ 148+527=

④ 509+285=

⑤ 339+628=

⑥ 286+493=

⑦ 362+264=

⑧ 485+482=

⑨ 927+414=

⑩ 638+554=

⑪ 817+736=

⑫ 949+642=

5 Day (세 자리 수) + (세 자리 수) ❶

A

월 일 / 18

①
	3	0	0
+	4	5	5

②
	8	0	7
+	1	8	0

③
	2	1	2
+	4	1	6

④
	5	1	2
+	2	3	3

⑤
	3	6	3
+	7	3	1

⑥
	8	4	1
+	4	2	2

⑦
	4	7	3
+	2	0	8

⑧
	3	1	9
+	3	4	7

⑨
	3	6	4
+	1	5	2

⑩
	2	8	5
+	4	9	3

⑪
	5	4	8
+	7	2	6

⑫
	6	2	3
+	6	5	9

⑬
	7	4	5
+	1	2	6

⑭
	2	7	8
+	5	1	7

⑮
	1	7	6
+	7	6	2

⑯
	3	3	4
+	2	9	5

⑰
	3	6	8
+	8	1	7

⑱
	9	3	4
+	6	3	9

(세 자리 수)+(세 자리 수) ❶

B

월 일 / 12

① $612+285=$

	6	1	2
+	2	8	5

⑤ $267+316=$

⑨ $418+728=$

② $836+952=$

⑥ $492+334=$

⑩ $543+929=$

③ $505+547=$

⑦ $193+496=$

⑪ $934+819=$

④ $432+319=$

⑧ $325+283=$

⑫ $852+639=$

(세 자리 수)+(세 자리 수) ❷

▶ 학습계획 : 매일 공부할 날짜를 정하고, 계획에 맞게 공부하세요.

일차	1일차	2일차	3일차	4일차	5일차
날짜	/	/	/	/	/

▶ 학습연계 : 지금 무엇을 배우는지 확인하고, 이전에 배운 단계와 앞으로 배울 단계를 살펴보세요.

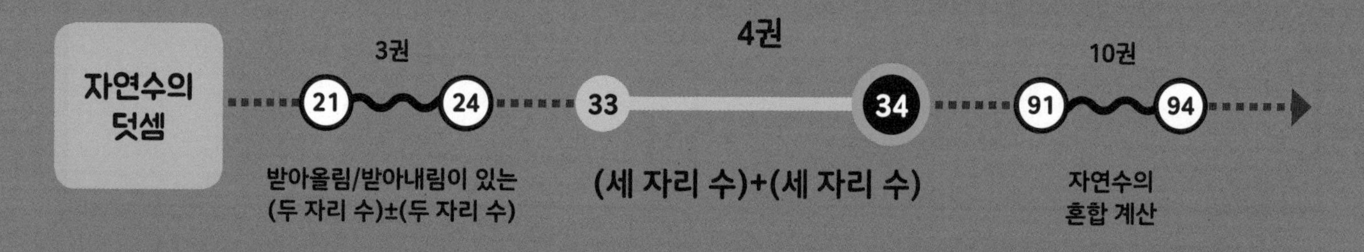

34 (세 자리 수)+(세 자리 수) ❷

일 → 십, 십 → 백, 백 → 천의 자리로 받아올림해요.

일의 자리부터 같은 자리 수끼리 계산하고, 받아올림한 수도 빠뜨리지 않고 계산해요.

받아올림이 2번 있는 경우

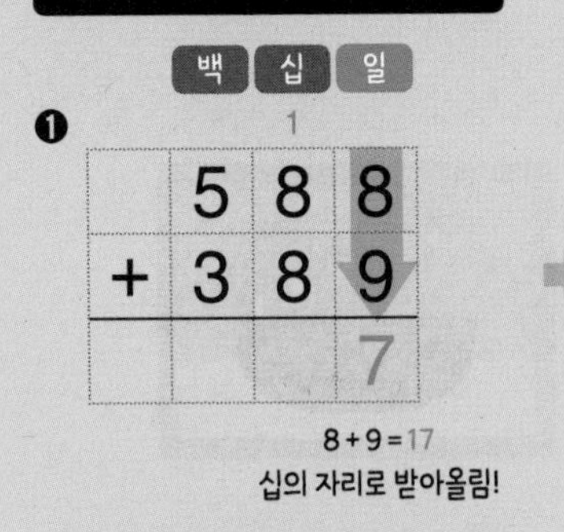

8+9=17
십의 자리로 받아올림!

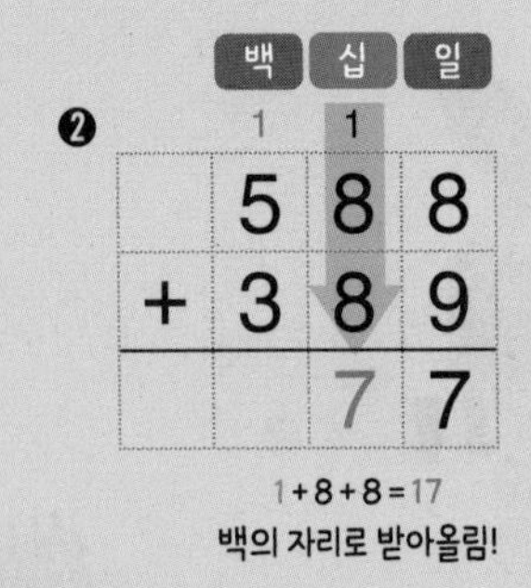

1+8+8=17
백의 자리로 받아올림!

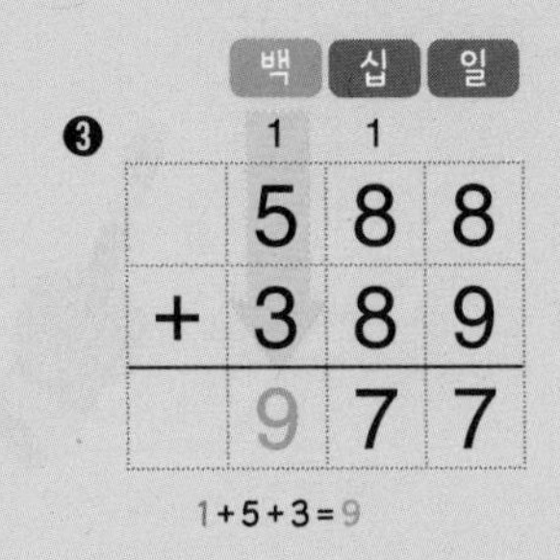

1+5+3=9

받아올림이 3번 있는 경우

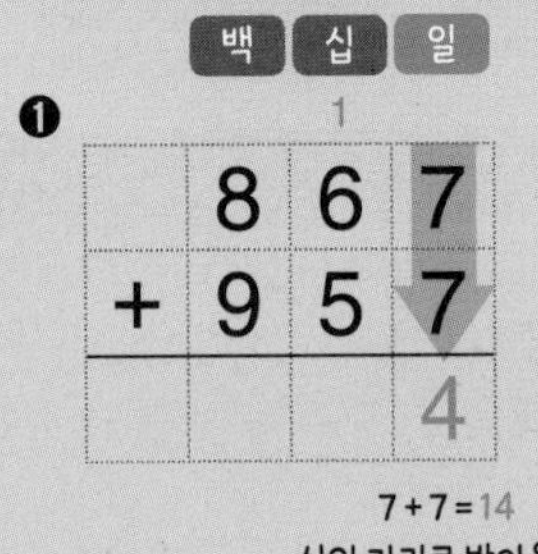

7+7=14
십의 자리로 받아올림!

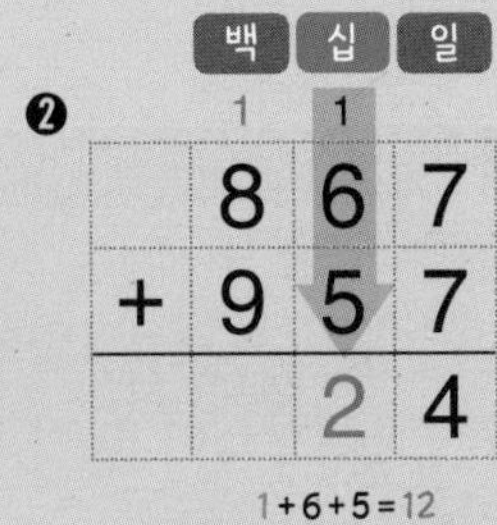

1+6+5=12
백의 자리로 받아올림!

천 백 십 일
❸
1 1 1
8 6 7
+ 9 5 7
1 8 2 4

1+8+9=18
천의 자리로 받아올림!

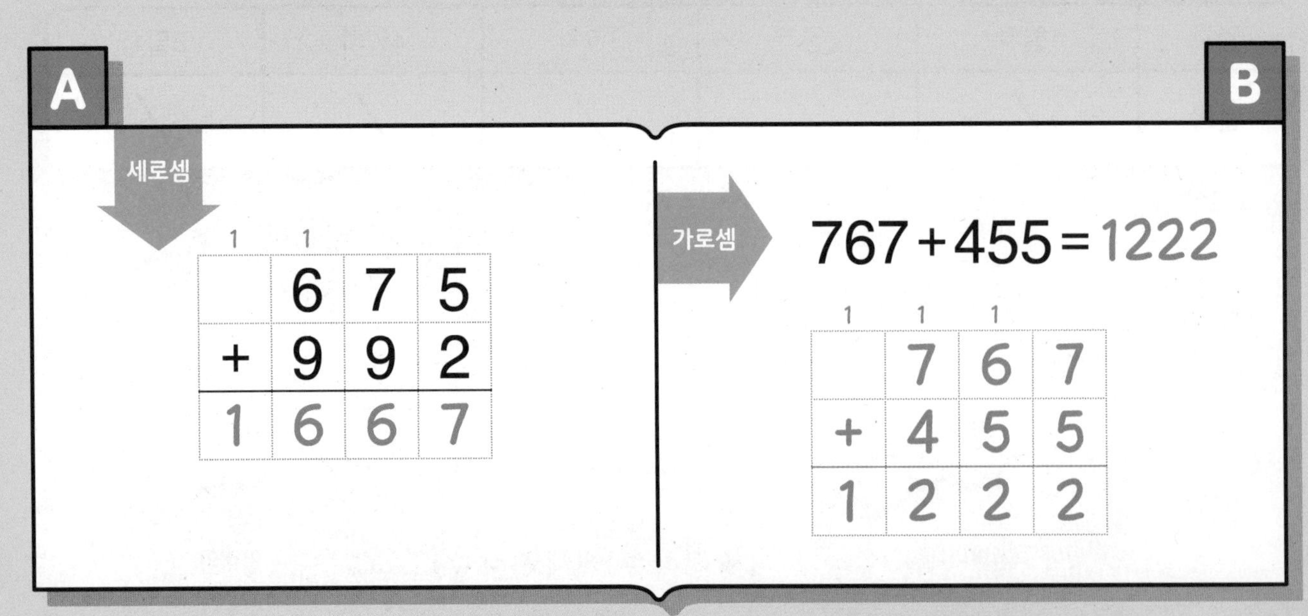

(세 자리 수)+(세 자리 수) ❷

A

월 일 / 15

①
	1	1	
	4	8	9
+	2	6	6
	7	5	5

1+4+2 1+8+6

②
	3	6	9
+	1	5	7

③
	1	2	8
+	5	7	2

④
	1	9	7
+	1	4	6

⑤
	4	5	3
+	4	7	9

⑥
	5	9	3
+	9	9	6

⑦
	8	7	2
+	9	5	1

⑧
	6	8	3
+	6	3	5

⑨
	2	6	4
+	9	7	2

⑩
	7	9	1
+	4	2	4

⑪
	8	5	9
+	7	9	6

⑫
	3	4	7
+	7	9	8

⑬
	6	9	3
+	8	7	9

⑭
	9	8	9
+	2	9	5

⑮
	4	6	8
+	8	7	9

(세 자리 수)+(세 자리 수) ❷

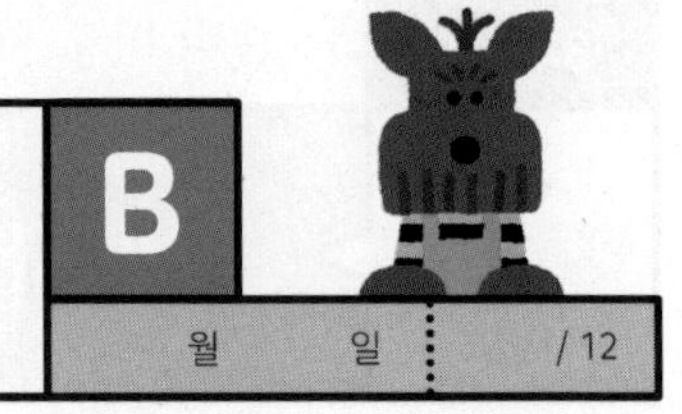

① $148+179=$

	1	4	8
+	1	7	9

② $624+286=$

③ $586+237=$

④ $228+194=$

⑤ $953+975=$

⑥ $584+672=$

⑦ $971+878=$

⑧ $872+597=$

⑨ $596+657=$

⑩ $628+597=$

⑪ $865+879=$

⑫ $669+854=$

2 Day (세 자리 수)+(세 자리 수) ❷

A

월 일 / 18

①

	6	2	5
+	2	9	7
	9	2	2

②

	1	1	9
+	1	9	7

③

	2	6	8
+	4	6	3

④

	2	8	9
+	1	6	4

⑤

	3	6	8
+	3	7	8

⑥

	8	6	4
+	4	9	1

⑦

	8	3	1
+	5	8	7

⑧

	9	8	4
+	9	7	1

⑨

	8	9	3
+	3	4	2

⑩

	5	8	2
+	9	6	4

⑪

	5	9	2
+	9	3	8

⑫

	4	8	6
+	8	7	9

⑬

	9	8	7
+	6	3	7

⑭

	9	8	5
+	3	3	6

⑮

	2	5	6
+	8	8	9

⑯

	5	7	9
+	6	8	8

⑰

	6	2	4
+	3	9	8

⑱

	5	6	7
+	8	6	9

34단계

2 Day

(세 자리 수)+(세 자리 수) ❷

B

월 일 / 12

① $597+255=$

	5	9	7
+	2	5	5

② $348+589=$

③ $197+687=$

④ $479+186=$

⑤ $353+894=$

⑥ $682+643=$

⑦ $797+691=$

⑧ $571+482=$

⑨ $874+577=$

⑩ $896+657=$

⑪ $459+779=$

⑫ $798+596=$

(세 자리 수) + (세 자리 수) ❷

A

월 일 / 18

①

	1	1	
	2	7	6
+	6	4	7
	9	2	3

②

	2	3	6
+	1	9	9

③

	3	4	8
+	4	8	9

④

	2	8	9
+	2	8	7

⑤

	6	9	6
+	1	2	6

⑥

	4	9	1
+	7	6	1

⑦

	7	4	1
+	6	8	4

⑧

	3	5	6
+	6	5	2

⑨

	6	5	4
+	6	8	3

⑩

	9	9	4
+	7	5	2

⑪

	4	8	9
+	9	7	6

⑫

	5	8	9
+	4	9	3

⑬

	6	3	9
+	8	9	2

⑭

	9	6	8
+	7	6	7

⑮

	7	7	8
+	5	8	9

⑯

	4	9	5
+	7	6	9

⑰

	8	4	3
+	5	9	7

⑱

	4	2	8
+	7	9	3

34단계

3 Day

(세 자리 수)+(세 자리 수) ❷

B

월 일 / 12

① 175+546=

	1	7	5
+	5	4	6

② 268+378=

③ 186+659=

④ 199+238=

⑤ 795+984=

⑥ 673+341=

⑦ 981+422=

⑧ 243+993=

⑨ 498+865=

⑩ 589+987=

⑪ 486+514=

⑫ 768+697=

34단계

(세 자리 수) + (세 자리 수) ②

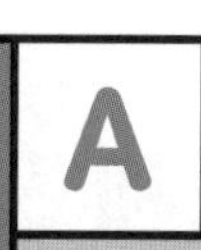

월 일 / 18

①

	2	8	8
+	1	4	9
	4	3	7

②

	3	6	7
+	4	9	5

③

	7	7	9
+	1	2	5

④

	5	5	6
+	3	8	7

⑤

	4	9	3
+	4	2	9

⑥

	9	8	2
+	3	4	3

⑦

	8	8	2
+	8	9	7

⑧

	9	8	2
+	5	6	4

⑨

	3	9	8
+	8	6	1

⑩

	6	8	6
+	5	7	2

⑪

	2	6	9
+	9	5	7

⑫

	8	6	8
+	7	8	7

⑬

	6	6	8
+	7	7	9

⑭

	8	4	6
+	4	9	5

⑮

	7	8	5
+	8	9	7

⑯

	9	8	9
+	5	6	4

⑰

	8	7	5
+	4	2	7

⑱

	4	5	6
+	7	9	8

4 Day (세 자리 수)+(세 자리 수) ❷

① 372+289=

	3	7	2
+	2	8	9

⑤ 663+344=

⑨ 376+998=

② 189+188=

⑥ 872+857=

⑩ 454+978=

③ 386+146=

⑦ 272+943=

⑪ 569+868=

④ 799+197=

⑧ 591+974=

⑫ 872+349=

34단계

(세 자리 수)+(세 자리 수) ❷

A

월 일 / 18

①

	4	6	9
+	1	7	5
	6	4	4

⑦

	4	7	4
+	8	6	3

⑬

	8	5	6
+	3	9	7

②

	2	4	9
+	4	8	1

⑧

	9	7	5
+	2	4	2

⑭

	6	9	3
+	6	7	9

③

	3	4	9
+	1	7	9

⑨

	4	8	3
+	8	9	3

⑮

	2	6	9
+	9	5	4

④

	1	7	9
+	6	8	6

⑩

	7	5	2
+	2	5	4

⑯

	9	8	2
+	4	3	8

⑤

	6	9	7
+	1	4	6

⑪

	8	6	9
+	4	5	9

⑰

	6	7	8
+	5	8	9

⑥

	7	9	1
+	7	6	3

⑫

	6	7	5
+	7	4	8

⑱

	5	6	7
+	8	6	5

34단계

(세 자리 수) + (세 자리 수) ❷

B

월 일 / 12

① 579 + 328 =

	5	7	9
+	3	2	8

② 458 + 263 =

③ 327 + 489 =

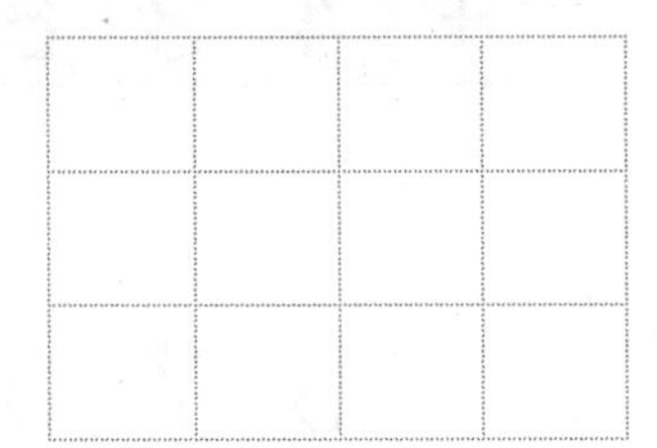

④ 495 + 247 =

⑤ 864 + 594 =

⑥ 962 + 955 =

⑦ 493 + 832 =

⑧ 571 + 698 =

⑨ 396 + 878 =

⑩ 837 + 164 =

⑪ 953 + 768 =

⑫ 669 + 587 =

(세 자리 수) -(세 자리 수) ❶

▶ **학습계획** : 매일 공부할 날짜를 정하고, 계획에 맞게 공부하세요.

일차	1일차	2일차	3일차	4일차	5일차
날짜	/	/	/	/	/

▶ **학습연계** : 지금 무엇을 배우는지 확인하고, 이전에 배운 단계와 앞으로 배울 단계를 살펴보세요.

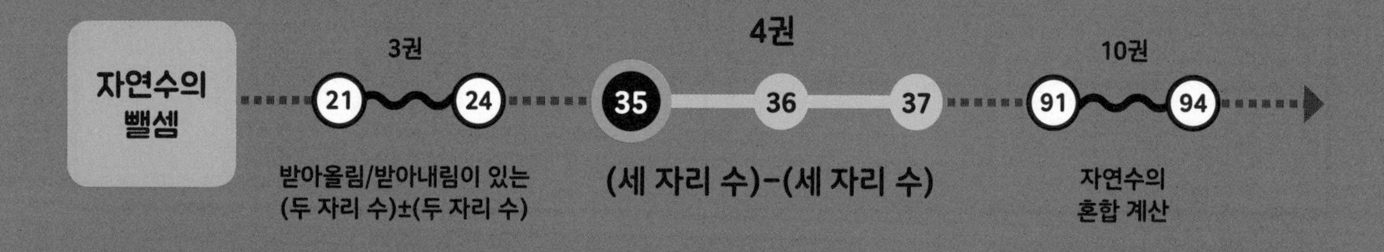

(세 자리 수) − (세 자리 수) ❶

일의 자리끼리, 십의 자리끼리, 백의 자리끼리 계산해요.

일의 자리부터 같은 자리 수끼리 계산하고, 같은 자리 수끼리 뺄 수 없으면 바로 윗자리에서 받아내림해요.

받아내림이 없는 경우

❶
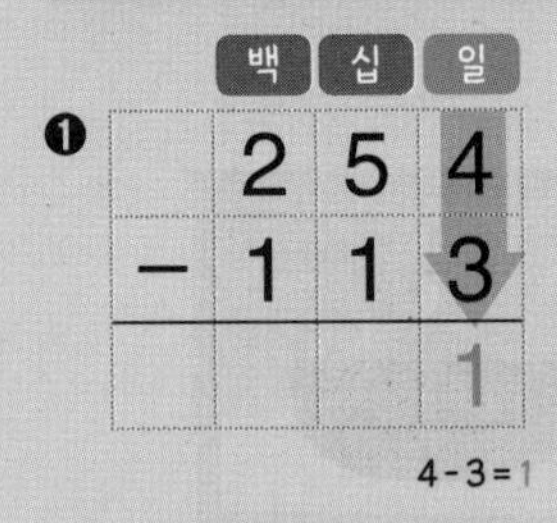

4-3=1

❷
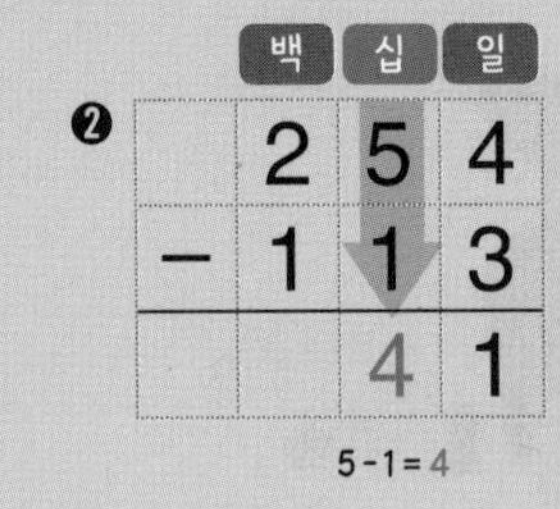

5-1=4

❸
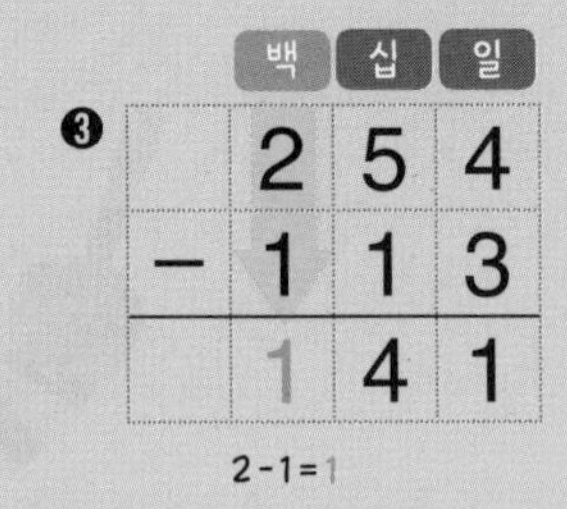

2-1=1

받아내림이 있는 경우

받아내림하고 남은 수는 받아내림하기 전의 수보다 1 작아진다는 것, 잊지 말아요!

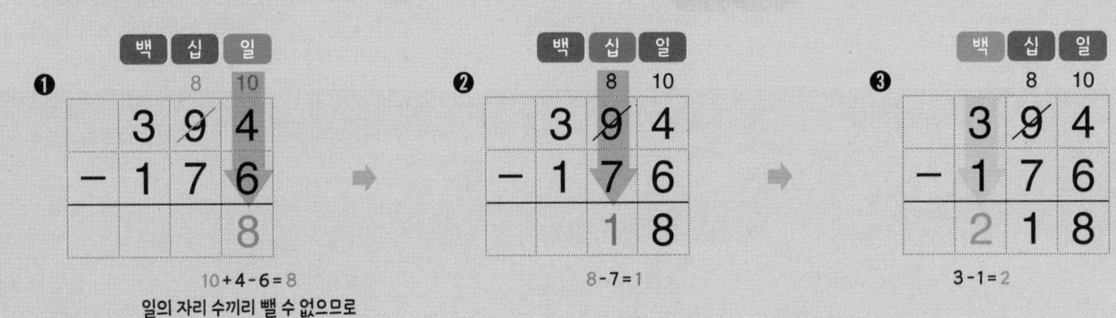

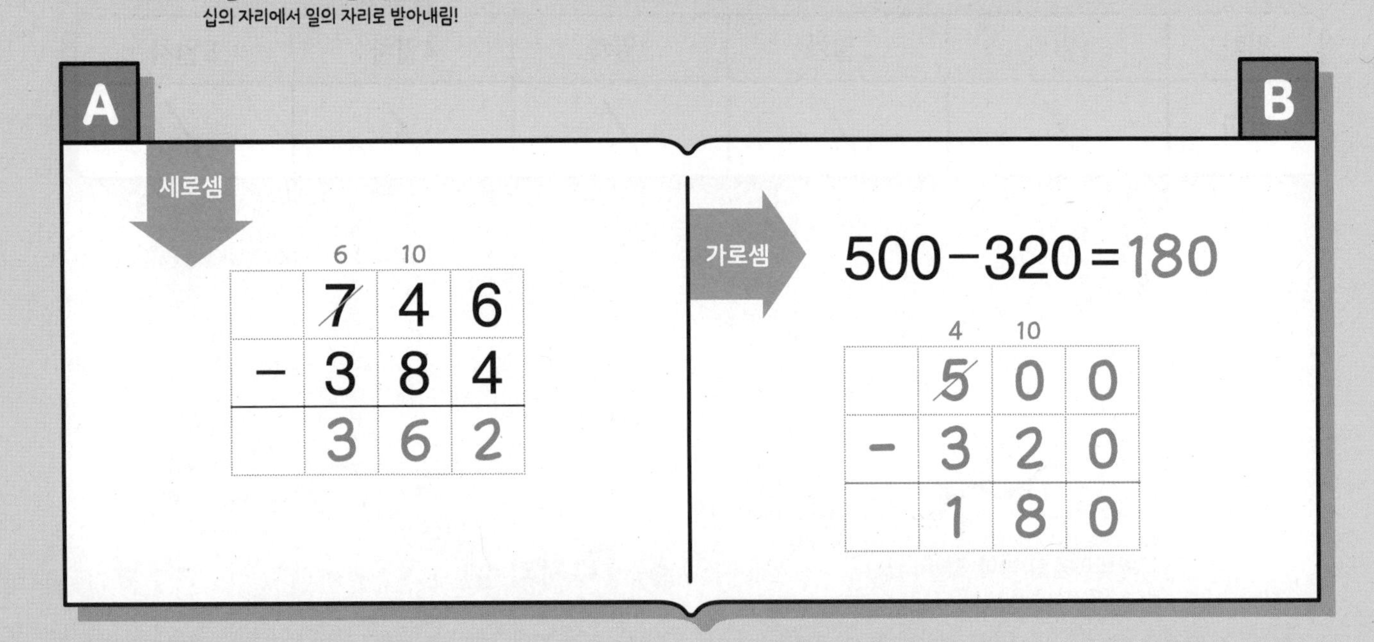

(세 자리 수) - (세 자리 수) ①

A

월 일 / 15

①

	6	0	0
−	3	0	0

⑥

	8	10	
	9	0	0
−	2	4	0

⑪

	9	3	0
−	2	1	5

②

	4	9	0
−	4	7	0

⑦

	7	1	3
−	5	9	3

⑫

	5	4	3
−	3	2	9

③

	7	2	8
−	7	2	5

⑧

	5	7	8
−	3	9	7

⑬

	8	5	2
−	4	4	9

④

	9	6	9
−	2	4	7

⑨

	6	3	7
−	2	8	4

⑭

	4	9	1
−	3	7	4

⑤

	8	8	3
−	1	6	2

⑩

	8	3	9
−	4	5	6

⑮

	6	8	4
−	3	5	6

(세 자리 수)-(세 자리 수) ❶

① 800-500=

	8	0	0
-	5	0	0

② 680-270=

③ 397-102=

④ 486-314=

⑤ 800-360=

⑥ 735-194=

⑦ 987-391=

⑧ 613-562=

⑨ 480-143=

⑩ 745-627=

⑪ 683-436=

⑫ 896-259=

35단계

(세 자리 수)-(세 자리 수) ❶

A

월 일 / 18

①
	7	0	0
−	4	0	0

⑦
	8	0	0
−	4	7	0

⑬
	5	4	0
−	3	1	7

②
	9	8	0
−	9	2	0

⑧
	9	6	9
−	7	8	2

⑭
	6	5	3
−	4	2	6

③
	3	4	7
−	3	4	2

⑨
	5	0	8
−	1	6	4

⑮
	8	4	1
−	2	2	3

④
	8	3	9
−	7	0	4

⑩
	6	7	9
−	2	8	1

⑯
	7	5	3
−	3	1	9

⑤
	4	6	8
−	2	5	1

⑪
	4	1	7
−	2	5	6

⑰
	8	7	2
−	5	4	8

⑥
	5	9	4
−	1	7	3

⑫
	9	2	5
−	4	5	3

⑱
	2	8	1
−	1	2	6

35단계

2 Day (세 자리 수)−(세 자리 수) ❶

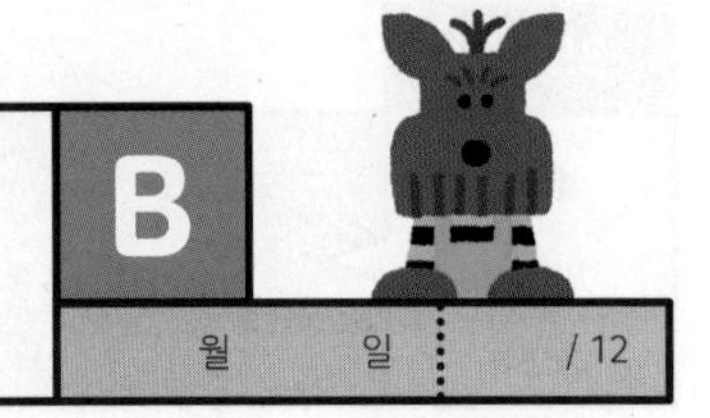

① 900−600=

	9	0	0
-	6	0	0

② 360−110=

③ 679−346=

④ 788−574=

⑤ 900−790=

⑥ 907−651=

⑦ 429−243=

⑧ 716−342=

⑨ 570−328=

⑩ 785−469=

⑪ 864−625=

⑫ 692−139=

35단계

3 Day

(세 자리 수) - (세 자리 수) ❶

A

월 일 / 18

①
	5	0	0
−	2	0	0

②
	8	5	0
−	8	3	0

③
	6	5	8
−	6	5	6

④
	7	9	5
−	6	9	2

⑤
	4	6	7
−	2	0	4

⑥
	9	9	9
−	5	3	1

⑦
	7	0	0
−	5	8	0

⑧
	8	1	6
−	6	4	3

⑨
	9	4	8
−	2	5	5

⑩
	4	3	9
−	1	7	4

⑪
	9	0	3
−	1	9	2

⑫
	7	4	6
−	2	9	4

⑬
	6	7	0
−	1	4	6

⑭
	9	9	1
−	2	2	7

⑮
	8	5	0
−	4	3	5

⑯
	5	8	6
−	3	5	8

⑰
	5	3	5
−	2	1	6

⑱
	6	3	6
−	4	2	9

35단계

(세 자리 수)-(세 자리 수) ❶

B

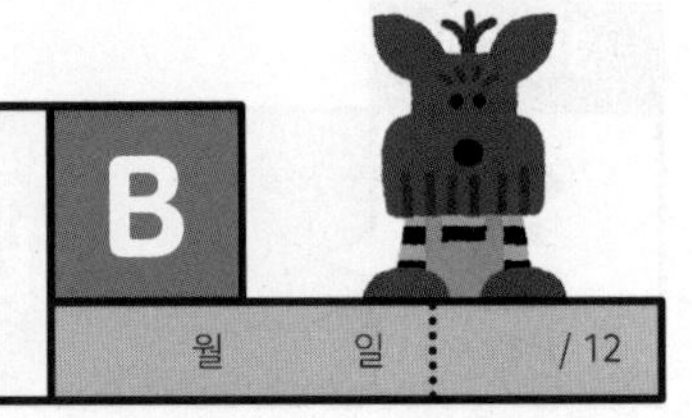

월 일 / 12

① 300−200=

	3	0	0
-	2	0	0

⑤ 600−180=

⑨ 850−415=

② 770−240=

⑥ 829−773=

⑩ 691−249=

③ 598−276=

⑦ 645−162=

⑪ 936−417=

④ 849−217=

⑧ 924−553=

⑫ 963−329=

(세 자리 수) - (세 자리 수) ❶

A

월 일 / 18

① 800 − 400 =

② 680 − 640 =

③ 369 − 365 =

④ 594 − 183 =

⑤ 979 − 656 =

⑥ 787 − 635 =

⑦ 500 − 250 =

⑧ 718 − 562 =

⑨ 927 − 452 =

⑩ 816 − 393 =

⑪ 738 − 541 =

⑫ 506 − 262 =

⑬ 650 − 129 =

⑭ 894 − 148 =

⑮ 762 − 443 =

⑯ 894 − 428 =

⑰ 472 − 136 =

⑱ 983 − 629 =

(세 자리 수)-(세 자리 수) ❶

월 일 / 12

① $700-200=$

	7	0	0
-	2	0	0

⑤ $700-560=$

⑨ $950-346=$

② $470-220=$

⑥ $619-487=$

⑩ $853-649=$

③ $283-172=$

⑦ $707-346=$

⑪ $365-108=$

④ $897-495=$

⑧ $648-375=$

⑫ $647-229=$

5 Day

(세 자리 수) - (세 자리 수) ❶

A

월 일 / 18

① 900 − 200 =

② 190 − 170 =

③ 786 − 783 =

④ 892 − 541 =

⑤ 517 − 302 =

⑥ 689 − 435 =

⑦ 800 − 630 =

⑧ 938 − 463 =

⑨ 849 − 274 =

⑩ 856 − 474 =

⑪ 534 − 383 =

⑫ 778 − 195 =

⑬ 880 − 554 =

⑭ 683 − 237 =

⑮ 834 − 318 =

⑯ 353 − 116 =

⑰ 891 − 437 =

⑱ 881 − 209 =

(세 자리 수)-(세 자리 수) ❶

① 600−400=

	6	0	0
-	4	0	0

② 370−250=

③ 785−461=

④ 845−325=

⑤ 500−370=

⑥ 956−164=

⑦ 905−624=

⑧ 548−293=

⑨ 870−245=

⑩ 453−126=

⑪ 640−237=

⑫ 785−159=

(세 자리 수)-(세 자리 수) ②

▶ **학습계획** : 매일 공부할 날짜를 정하고, 계획에 맞게 공부하세요.

일차	1일차	2일차	3일차	4일차	5일차
날짜	/	/	/	/	/

▶ **학습연계** : 지금 무엇을 배우는지 확인하고, 이전에 배운 단계와 앞으로 배울 단계를 살펴보세요.

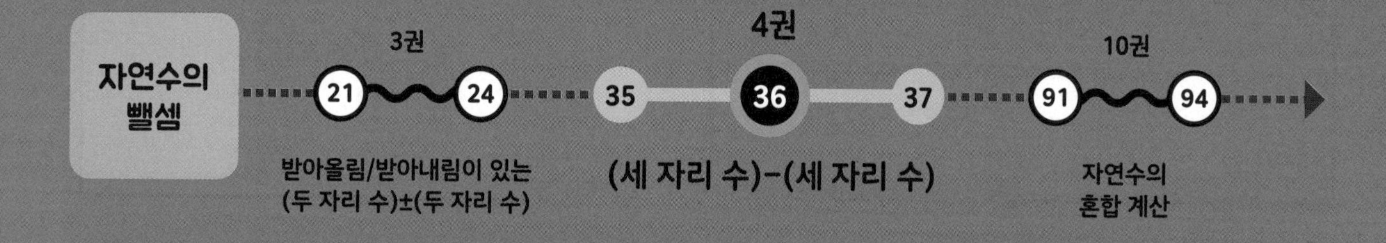

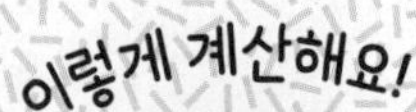

36 (세 자리 수)−(세 자리 수) ❷

십 → 일, 백 → 십의 자리로 받아내림해요.

'534−157'을 계산해 볼까요?

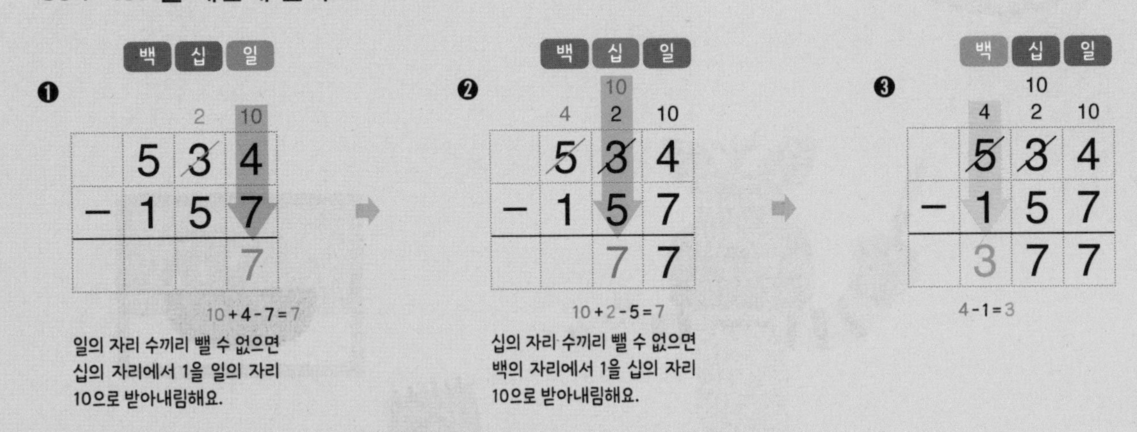

❶ 4에서 7을 뺄 수 없으므로 십의 자리에서 받아내림해야 합니다.
십의 자리에서 일의 자리로 받아내림하면 십의 자리 수는 2가 돼요.

❷ 십의 자리에 남아 있는 2에서 5를 뺄 수 없으므로 백의 자리에서 받아내림해야 합니다.
이때 십의 자리 수는 백의 자리에서 받아내림한 수 10과 2를 더한 수가 된다는 것에 주의해요.

❸ 백의 자리에서 십의 자리로 받아내림했으므로 백의 자리에 남아 있는 4에서 1을 뺍니다.

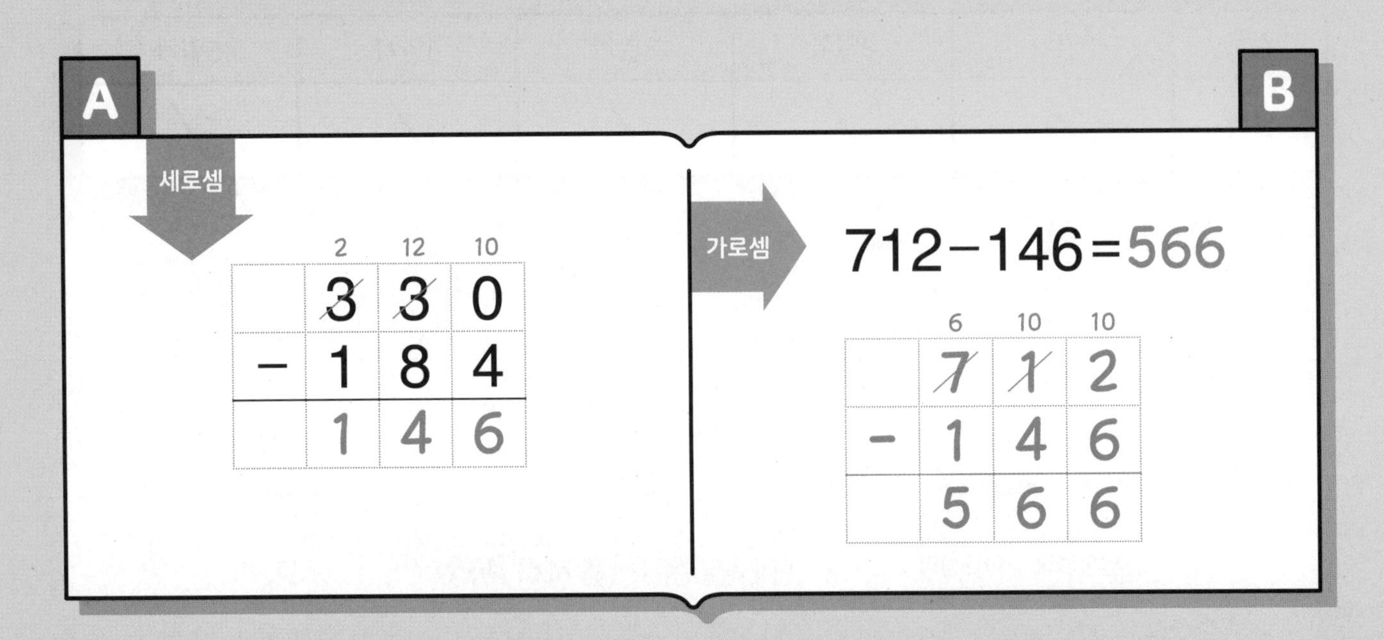

1 Day

(세 자리 수) - (세 자리 수) ❷

A

월 일 / 15

①
	5	10	10
	~~6~~	~~1~~	0
−	3	3	8
	2	7	2

6-1-3 1-1+10-3

②
	4	3	0
−	1	8	8

③
	7	6	4
−	4	7	5

④
	3	1	2
−	1	7	6

⑤
	9	3	1
−	7	4	4

⑥
	5	1	4
−	3	4	9

⑦
	6	5	2
−	3	8	6

⑧
	9	2	3
−	5	3	8

⑨
	3	6	7
−	1	6	9

⑩
	6	1	5
−	1	2	6

⑪
	4	7	2
−	2	9	5

⑫
	9	2	4
−	4	7	5

⑬
	5	8	6
−	1	9	8

⑭
	8	4	2
−	4	5	9

⑮
	7	5	2
−	3	5	7

36단계

(세 자리 수)-(세 자리 수) ❷

① 540-267=

	5	4	0
-	2	6	7

⑤ 643-464=

⑨ 856-268=

② 470-199=

⑥ 611-132=

⑩ 764-379=

③ 712-333=

⑦ 463-298=

⑪ 923-685=

④ 635-437=

⑧ 748-559=

⑫ 547-248=

36단계

2 Day

(세 자리 수) - (세 자리 수) ❷

A

월 일 / 18

①
	5	6	0
−	1	8	3
	3	7	7

(받아내림: 4, 15, 10)

②
	9	4	0
−	2	6	5

③
	7	7	0
−	5	8	1

④
	4	1	6
−	2	3	7

⑤
	6	5	2
−	3	7	4

⑥
	8	3	1
−	4	9	2

⑦
	9	1	4
−	6	4	5

⑧
	8	3	4
−	6	5	6

⑨
	6	7	2
−	2	8	7

⑩
	7	5	3
−	1	8	6

⑪
	9	5	5
−	1	5	9

⑫
	4	6	3
−	2	8	9

⑬
	9	6	1
−	5	9	8

⑭
	5	3	3
−	2	6	4

⑮
	8	2	6
−	5	2	9

⑯
	7	3	2
−	4	5	4

⑰
	7	4	5
−	1	7	9

⑱
	6	6	7
−	3	6	8

2 Day

(세 자리 수)-(세 자리 수) ❷

B

월 일 / 12

① 310-138=

	3	1	0
-	1	3	8

② 820-525=

③ 635-557=

④ 443-154=

⑤ 823-599=

⑥ 451-184=

⑦ 824-179=

⑧ 536-377=

⑨ 567-369=

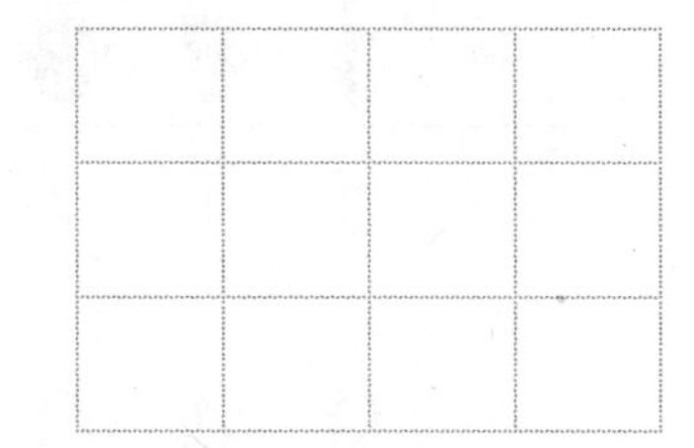

⑩ 784-488=

⑪ 852-166=

⑫ 931-888=

3 Day (세 자리 수)-(세 자리 수) ❷

A

월 일 / 18

①

	8	14	10
	9	5	0
−	3	7	5
	5	7	5

②

	3	2	0
−	2	4	9

③

	4	1	0
−	1	5	6

④

	6	3	6
−	1	6	7

⑤

	5	5	8
−	3	7	9

⑥

	8	2	5
−	6	3	8

⑦

	9	4	5
−	5	9	8

⑧

	3	2	8
−	1	7	9

⑨

	6	3	6
−	2	4	9

⑩

	7	3	1
−	5	9	5

⑪

	8	5	2
−	3	7	5

⑫

	9	7	4
−	7	9	9

⑬

	6	4	3
−	1	8	7

⑭

	8	5	1
−	3	6	8

⑮

	9	2	4
−	3	2	9

⑯

	9	6	6
−	7	6	8

⑰

	7	1	0
−	4	9	9

⑱

	9	3	7
−	6	7	8

(세 자리 수) - (세 자리 수) ❷

월 일 / 12

① $640-251=$

	6	4	0
-	2	5	1

⑤ $671-393=$

⑨ $834-495=$

② $710-148=$

⑥ $943-768=$

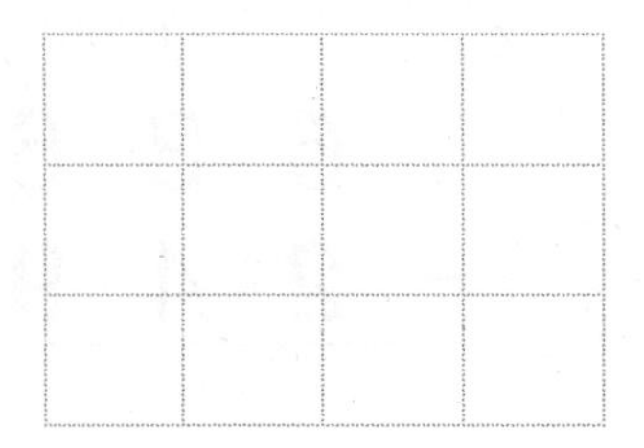

⑩ $633-289=$

③ $464-375=$

⑦ $643-497=$

⑪ $735-347=$

④ $521-354=$

⑧ $916-129=$

⑫ $512-359=$

36단계

(세 자리 수)-(세 자리 수) ❷

A

월 일 / 18

①
	4	2	0
−	3	4	5
		7	5

②
	6	5	0
−	5	8	8

③
	9	1	0
−	6	9	1

④
	7	4	1
−	2	5	4

⑤
	5	2	5
−	4	2	9

⑥
	8	6	6
−	3	8	7

⑦
	7	1	3
−	5	7	7

⑧
	8	5	4
−	3	7	9

⑨
	6	1	5
−	4	4	6

⑩
	5	4	3
−	3	7	6

⑪
	6	8	4
−	3	9	5

⑫
	8	4	3
−	1	5	4

⑬
	9	3	2
−	3	6	9

⑭
	7	6	1
−	5	7	6

⑮
	6	1	5
−	1	3	8

⑯
	6	1	8
−	4	1	9

⑰
	7	6	2
−	2	7	7

⑱
	9	9	4
−	2	9	8

(세 자리 수)-(세 자리 수) ❷

① 980-492=

	9	8	0
-	4	9	2

② 350-183=

③ 511-333=

④ 834-756=

⑤ 642-397=

⑥ 763-579=

⑦ 815-678=

⑧ 683-494=

⑨ 954-576=

⑩ 775-189=

⑪ 431-265=

⑫ 823-257=

5 Day (세 자리 수)-(세 자리 수) ❷

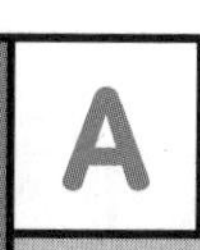

월 일 / 18

① 630 − 496 = 134

⑦ 913 − 274

⑬ 941 − 598

② 970 − 885

⑧ 575 − 188

⑭ 614 − 469

③ 310 − 191

⑨ 831 − 586

⑮ 753 − 497

④ 441 − 252

⑩ 632 − 255

⑯ 952 − 678

⑤ 822 − 133

⑪ 936 − 688

⑰ 584 − 395

⑥ 564 − 285

⑫ 842 − 397

⑱ 826 − 698

5 Day

(세 자리 수)-(세 자리 수) ❷

B

월 일 / 12

① 710−339=

	7	1	0
-	3	3	9

⑤ 420−137=

⑨ 678−379=

② 650−468=

⑥ 542−248=

⑩ 864−467=

③ 323−255=

⑦ 943−196=

⑪ 931−276=

④ 951−574=

⑧ 954−675=

⑫ 413−247=

(세 자리 수) −(세 자리 수) ③

▶ **학습계획** : 매일 공부할 날짜를 정하고, 계획에 맞게 공부하세요.

일차	1일차	2일차	3일차	4일차	5일차
날짜	/	/	/	/	/

▶ **학습연계** : 지금 무엇을 배우는지 확인하고, 이전에 배운 단계와 앞으로 배울 단계를 살펴보세요.

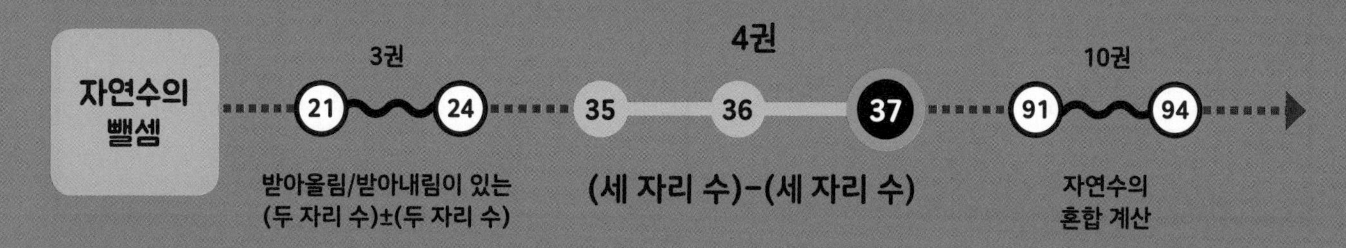

37 (세 자리 수)-(세 자리 수) ③

빼지는 수의 십의 자리 수가 0이면 먼저 백의 자리에서 십의 자리로 받아내림해요.

'400-178'에서 일의 자리를 계산하려면 십의 자리에서 받아내림해야 합니다.
하지만 십의 자리 수도 0이라서 받아내림할 수가 없어요.
이때는 백의 자리에서 십의 자리로 먼저 받아내림한 다음, 십의 자리에 9를 남겨 놓고
십 1개를 일의 자리의 10으로 받아내림해서 계산하면 됩니다.

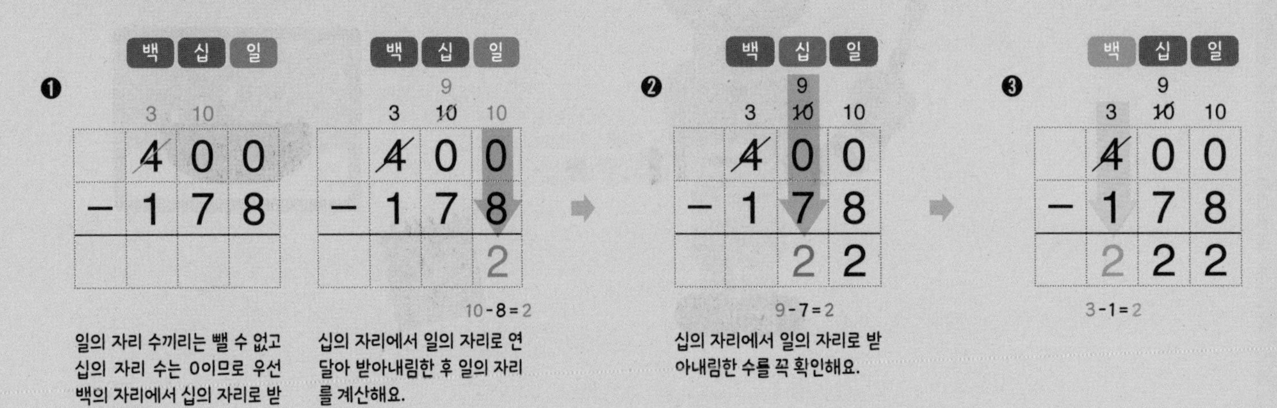

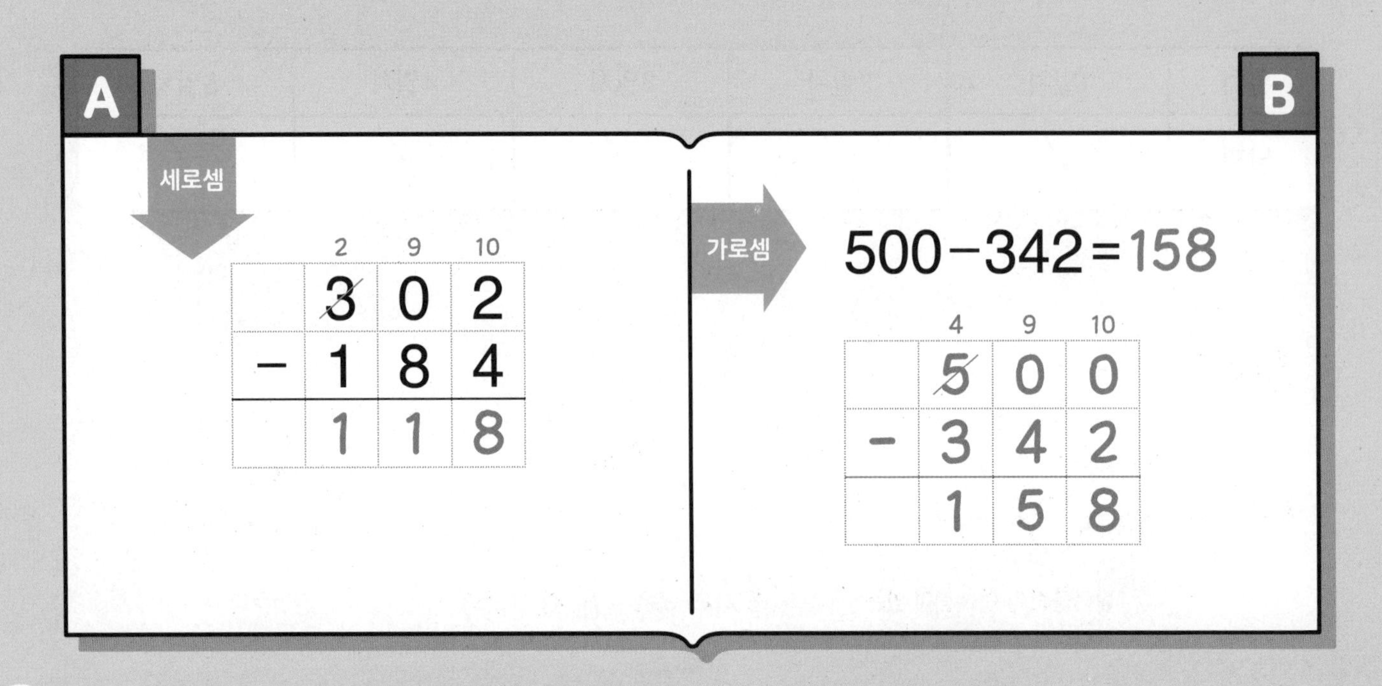

(세 자리 수)-(세 자리 수) ③

A

월 일 / 15

①
$$\begin{array}{r} \overset{3}{\cancel{4}}\overset{9}{0}\overset{10}{0} \\ -\ 209 \\ \hline \end{array}$$

②
$$\begin{array}{r} 900 \\ -\ 608 \\ \hline \end{array}$$

③
$$\begin{array}{r} 300 \\ -\ 103 \\ \hline \end{array}$$

④
$$\begin{array}{r} 200 \\ -\ 106 \\ \hline \end{array}$$

⑤
$$\begin{array}{r} 800 \\ -\ 502 \\ \hline \end{array}$$

⑥
$$\begin{array}{r} 600 \\ -\ 485 \\ \hline \end{array}$$

⑦
$$\begin{array}{r} 500 \\ -\ 261 \\ \hline \end{array}$$

⑧
$$\begin{array}{r} 900 \\ -\ 578 \\ \hline \end{array}$$

⑨
$$\begin{array}{r} 300 \\ -\ 129 \\ \hline \end{array}$$

⑩
$$\begin{array}{r} 700 \\ -\ 237 \\ \hline \end{array}$$

⑪
$$\begin{array}{r} 202 \\ -\ 185 \\ \hline \end{array}$$

⑫
$$\begin{array}{r} 803 \\ -\ 516 \\ \hline \end{array}$$

⑬
$$\begin{array}{r} 508 \\ -\ 499 \\ \hline \end{array}$$

⑭
$$\begin{array}{r} 407 \\ -\ 148 \\ \hline \end{array}$$

⑮
$$\begin{array}{r} 901 \\ -\ 323 \\ \hline \end{array}$$

(세 자리 수)-(세 자리 수) ③

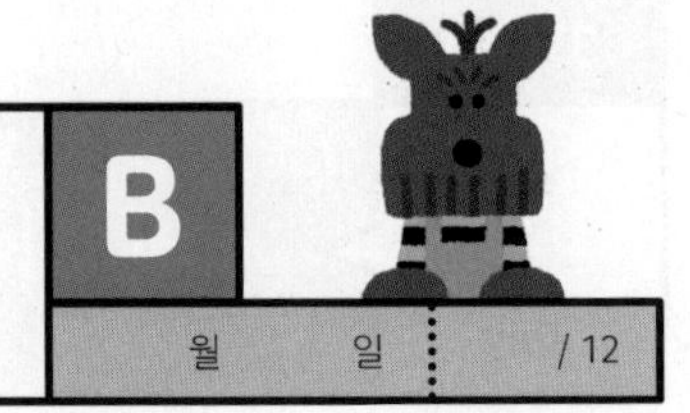

① $500-204=$

	5	0	0
-	2	0	4

⑤ $300-236=$

⑨ $901-492=$

② $600-407=$

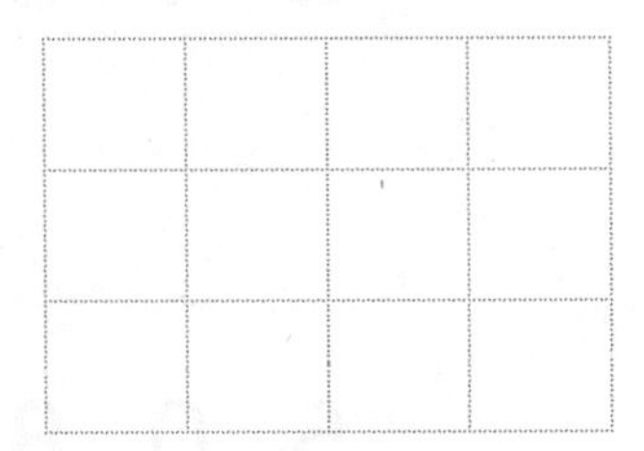

⑥ $800-521=$

⑩ $204-155=$

③ $200-105=$

⑦ $400-119=$

⑪ $502-327=$

④ $900-304=$

⑧ $700-348=$

⑫ $805-269=$

37단계

(세 자리 수)-(세 자리 수) ③

A

월 일 / 18

①
	5	0	0
−	2	0	3

(4, 9, 10)

②
	9	0	0
−	3	0	5

③
	2	0	0
−	1	0	1

④
	6	0	0
−	2	0	2

⑤
	3	0	0
−	1	0	9

⑥
	8	0	0
−	4	0	6

⑦
	7	0	0
−	4	4	3

⑧
	4	0	0
−	2	7	4

⑨
	5	0	0
−	1	9	2

⑩
	9	0	0
−	6	6	7

⑪
	2	0	0
−	1	3	5

⑫
	6	0	0
−	3	2	9

⑬
	3	0	3
−	2	8	8

⑭
	8	0	1
−	6	3	2

⑮
	7	0	2
−	3	4	5

⑯
	4	0	7
−	1	6	9

⑰
	5	0	4
−	2	6	6

⑱
	9	0	3
−	4	5	4

2 Day

(세 자리 수)-(세 자리 수) ❸

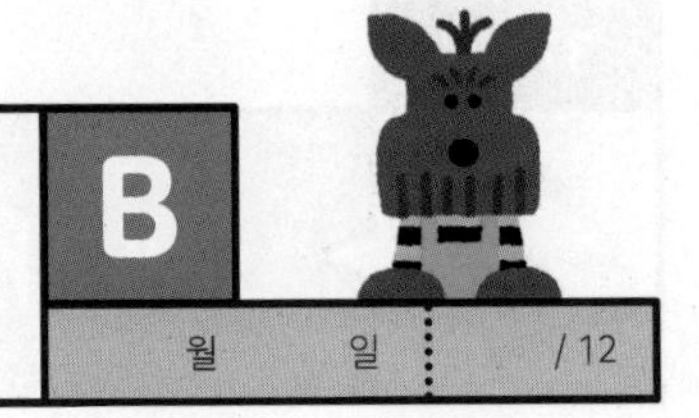

① 600−301=

	6	0	0
-	3	0	1

② 300−106=

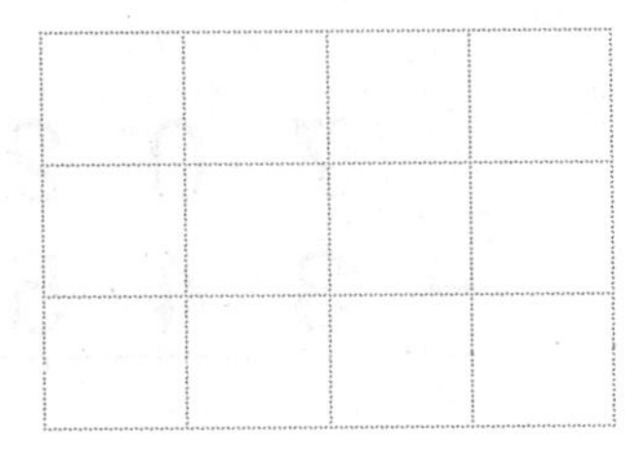

③ 800−604=

④ 500−403=

⑤ 900−265=

⑥ 400−192=

⑦ 700−578=

⑧ 200−147=

⑨ 507−329=

⑩ 801−436=

⑪ 302−244=

⑫ 904−766=

37단계

(세 자리 수)－(세 자리 수) ③

A

월 일 / 18

① 900 − 301 (8, 9, 10)

② 200 − 108

③ 300 − 104

④ 700 − 507

⑤ 600 − 305

⑥ 400 − 103

⑦ 800 − 713

⑧ 300 − 252

⑨ 900 − 531

⑩ 200 − 144

⑪ 500 − 289

⑫ 700 − 465

⑬ 606 − 527

⑭ 408 − 349

⑮ 804 − 496

⑯ 305 − 158

⑰ 903 − 615

⑱ 501 − 372

3 Day (세 자리 수)-(세 자리 수) ③

B

월 일 / 12

① $400-207=$

	4	0	0
-	2	0	7

② $700-109=$

③ $900-501=$

④ $500-308=$

⑤ $800-465=$

⑥ $300-174=$

⑦ $600-336=$

⑧ $200-193=$

⑨ $502-283=$

⑩ $901-628=$

⑪ $703-225=$

⑫ $405-347=$

4 Day (세 자리 수)-(세 자리 수) ③

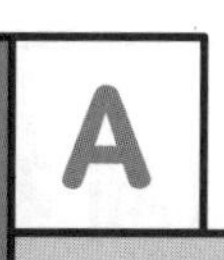

월 일 / 18

① $800 - 609$ (7, 9, 10)

② $500 - 402$

③ $200 - 107$

④ $900 - 506$

⑤ $400 - 308$

⑥ $700 - 405$

⑦ $600 - 374$

⑧ $300 - 193$

⑨ $700 - 581$

⑩ $800 - 493$

⑪ $500 - 356$

⑫ $200 - 169$

⑬ $707 - 328$

⑭ $603 - 575$

⑮ $302 - 237$

⑯ $805 - 688$

⑰ $506 - 419$

⑱ $901 - 242$

37단계

(세 자리 수)-(세 자리 수) ③

① 300−102=

	3	0	0
-	1	0	2

② 700−607=

③ 400−309=

④ 900−401=

⑤ 600−315=

⑥ 900−783=

⑦ 500−234=

⑧ 200−165=

⑨ 903−598=

⑩ 406−177=

⑪ 708−459=

⑫ 302−246=

5 Day (세 자리 수)-(세 자리 수) ③

A

월 일 / 18

①

	7	0	0
−	5	0	3

②

	9	0	0
−	4	0	5

③

	2	0	0
−	1	0	2

④

	5	0	0
−	3	0	4

⑤

	3	0	0
−	2	0	3

⑥

	6	0	0
−	4	0	1

⑦

	4	0	0
−	2	7	1

⑧

	8	0	0
−	3	5	4

⑨

	7	0	0
−	2	8	2

⑩

	9	0	0
−	7	9	8

⑪

	2	0	0
−	1	2	5

⑫

	5	0	0
−	3	3	9

⑬

	3	0	6
−	1	6	7

⑭

	6	0	8
−	2	2	9

⑮

	4	0	3
−	3	5	8

⑯

	8	0	1
−	5	8	6

⑰

	7	0	5
−	4	3	7

⑱

	9	0	2
−	6	4	4

(세 자리 수)-(세 자리 수) ❸

① 400−101=

	4	0	0
-	1	0	1

② 500−207=

③ 800−409=

④ 600−108=

⑤ 900−598=

⑥ 600−282=

⑦ 300−226=

⑧ 700−353=

⑨ 802−614=

⑩ 506−487=

⑪ 403−175=

⑫ 605−269=

세 자리 수의 덧셈과 뺄셈 종합 ❶

▶ 학습계획 : 매일 공부할 날짜를 정하고, 계획에 맞게 공부하세요.

일차	1일차	2일차	3일차	4일차	5일차
날짜	/	/	/	/	/

▶ 학습연계 : 지금 무엇을 배우는지 확인하고, 이전에 배운 단계와 앞으로 배울 단계를 살펴보세요.

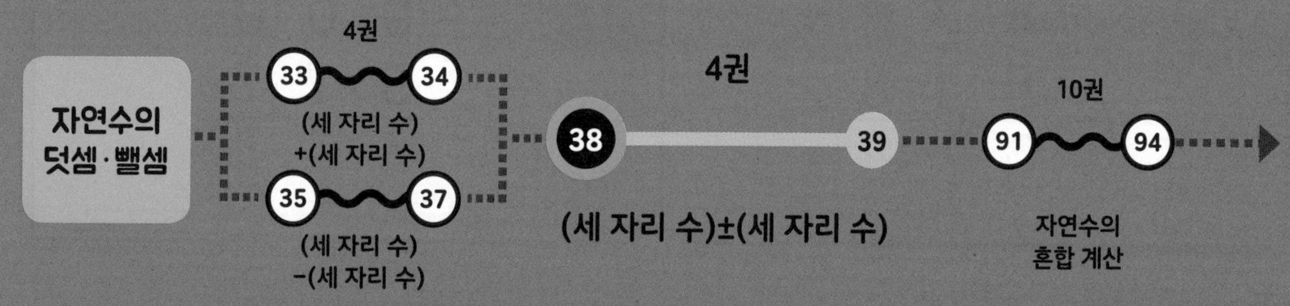

38 세 자리 수의 덧셈과 뺄셈 종합 ❶

(세 자리 수)+(세 자리 수)

연달아 있는 받아올림에 주의하며 계산합니다.

❶

		1	
	6	8	5
+	5	9	7
			2

➡ ❷

	1	1	
	6	8	5
+	5	9	7
		8	2

➡ ❸

1	1	1	
	6	8	5
+	5	9	7
1	2	8	2

(세 자리 수)−(세 자리 수)

연달아 있는 받아내림에 주의하며 계산합니다.

❶

		1	10
	9	2̸	1
−	3	5	7
			4

➡ ❷

	8	1 (10)	10
	9̸	2̸	1
−	3	5	7
		6	4

➡ ❸

	8	1 (10)	10
	9̸	2̸	1
−	3	5	7
	5	6	4

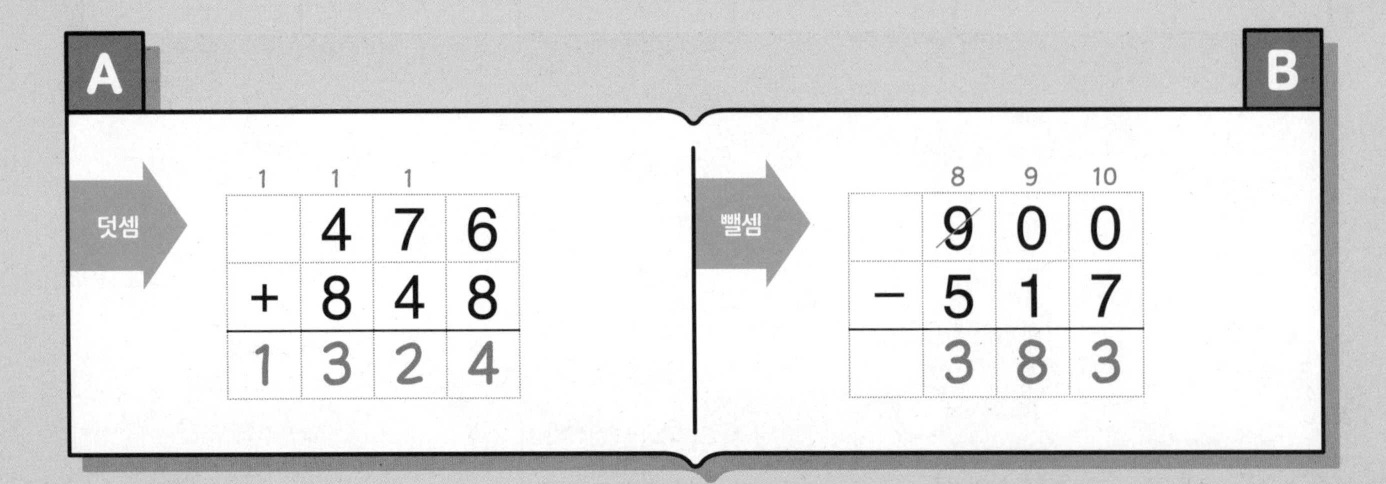

Day

세 자리 수의 덧셈과 뺄셈 종합 ❶

A

월 일 / 18

①
	6	3	7
+	9	1	2

②
	4	8	9
+	1	1	5

③
	5	7	3
+	2	8	2

④
	3	6	6
+	5	7	7

⑤
	8	1	9
+	3	2	4

⑥
	7	7	7
+	5	5	5

⑦
	4	5	7
+	4	3	9

⑧
	8	7	5
+	3	0	9

⑨
	6	6	7
+	2	5	4

⑩
	9	2	3
+	4	8	4

⑪
	6	6	6
+	3	3	8

⑫
	5	0	8
+	3	9	9

⑬
	3	1	8
+	6	7	7

⑭
	5	2	8
+	8	1	9

⑮
	9	3	5
+	1	7	6

⑯
	2	2	9
+	7	9	5

⑰
	8	2	5
+	6	9	7

⑱
	5	8	6
+	9	3	8

1 Day 세 자리 수의 덧셈과 뺄셈 종합 ❶

①

	5	0	0
−	1	7	0

②

	7	2	8
−	4	1	9

③

	4	7	2
−	2	8	9

④

	6	4	5
−	3	1	8

⑤

	7	0	0
−	1	6	3

⑥

	3	4	6
−	1	8	2

⑦

	8	3	2
−	3	1	8

⑧

	5	4	6
−	2	7	2

⑨

	6	6	7
−	1	8	9

⑩

	7	3	5
−	4	1	7

⑪

	7	7	7
−	2	8	8

⑫

	4	6	3
−	1	9	8

⑬

	9	3	8
−	2	7	1

⑭

	6	5	6
−	3	7	7

⑮

	5	5	8
−	2	6	9

⑯

	3	3	7
−	1	8	9

⑰

	7	1	4
−	4	4	8

⑱

	4	2	8
−	2	3	9

2 Day 세 자리 수의 덧셈과 뺄셈 종합 ❶

A

월 일 / 18

① 643 + 219 =

② 371 + 867 =

③ 587 + 648 =

④ 292 + 476 =

⑤ 767 + 175 =

⑥ 726 + 943 =

⑦ 983 + 456 =

⑧ 524 + 851 =

⑨ 744 + 183 =

⑩ 457 + 764 =

⑪ 229 + 827 =

⑫ 968 + 469 =

⑬ 475 + 377 =

⑭ 292 + 543 =

⑮ 637 + 569 =

⑯ 628 + 764 =

⑰ 976 + 589 =

⑱ 879 + 958 =

2 Day 세 자리 수의 덧셈과 뺄셈 종합 ❶

B

월 일 / 18

① $473 - 217$

② $754 - 397$

③ $867 - 593$

④ $704 - 261$

⑤ $871 - 523$

⑥ $534 - 255$

⑦ $824 - 143$

⑧ $976 - 128$

⑨ $600 - 268$

⑩ $751 - 385$

⑪ $919 - 594$

⑫ $672 - 436$

⑬ $752 - 564$

⑭ $526 - 367$

⑮ $816 - 589$

⑯ $524 - 196$

⑰ $832 - 145$

⑱ $678 - 479$

38단계 3 Day

세 자리 수의 덧셈과 뺄셈 종합 ❶

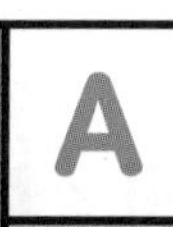
A

월 일 / 18

① $719 + 656 =$

② $462 + 879 =$

③ $348 + 287 =$

④ $595 + 363 =$

⑤ $954 + 668 =$

⑥ $784 + 765 =$

⑦ $353 + 365 =$

⑧ $581 + 675 =$

⑨ $608 + 699 =$

⑩ $927 + 836 =$

⑪ $672 + 713 =$

⑫ $289 + 935 =$

⑬ $458 + 468 =$

⑭ $235 + 629 =$

⑮ $734 + 537 =$

⑯ $696 + 847 =$

⑰ $959 + 659 =$

⑱ $436 + 569 =$

3 Day 세 자리 수의 덧셈과 뺄셈 종합 ❶

B

월 일 / 18

①
	8	7	5
−	6	8	7

②
	5	9	4
−	3	4	7

③
	6	4	2
−	1	6	3

④
	7	5	1
−	1	8	2

⑤
	7	3	4
−	3	9	2

⑥
	9	2	0
−	6	1	4

⑦
	8	1	8
−	6	5	4

⑧
	9	0	0
−	7	5	3

⑨
	7	8	0
−	5	4	6

⑩
	7	6	1
−	1	3	4

⑪
	3	0	9
−	1	1	8

⑫
	8	2	6
−	4	2	9

⑬
	4	7	5
−	1	9	8

⑭
	9	8	3
−	7	9	4

⑮
	8	2	1
−	6	2	8

⑯
	9	2	6
−	5	7	7

⑰
	4	0	1
−	1	5	2

⑱
	9	1	7
−	2	1	9

세 자리 수의 덧셈과 뺄셈 종합 ❶

A

월 일 / 18

① $298 + 575 =$

② $702 + 854 =$

③ $217 + 683 =$

④ $995 + 389 =$

⑤ $878 + 853 =$

⑥ $648 + 709 =$

⑦ $672 + 543 =$

⑧ $715 + 459 =$

⑨ $478 + 314 =$

⑩ $198 + 808 =$

⑪ $889 + 764 =$

⑫ $775 + 453 =$

⑬ $375 + 829 =$

⑭ $567 + 155 =$

⑮ $286 + 392 =$

⑯ $489 + 978 =$

⑰ $784 + 657 =$

⑱ $953 + 539 =$

세 자리 수의 덧셈과 뺄셈 종합 ❶

①
	4	3	9
−	1	7	3

②
	8	3	1
−	5	2	7

③
	9	2	6
−	7	9	7

④
	9	0	8
−	1	1	5

⑤
	8	8	5
−	6	4	7

⑥
	3	5	3
−	1	6	8

⑦
	6	5	1
−	2	4	8

⑧
	5	8	5
−	1	9	3

⑨
	5	0	9
−	4	7	1

⑩
	7	6	0
−	4	2	3

⑪
	9	3	4
−	6	7	9

⑫
	8	5	0
−	1	5	4

⑬
	7	6	7
−	4	9	8

⑭
	9	7	3
−	6	9	9

⑮
	7	0	0
−	5	7	3

⑯
	9	6	3
−	3	8	6

⑰
	9	4	2
−	8	5	6

⑱
	8	5	5
−	4	6	7

세 자리 수의 덧셈과 뺄셈 종합 ①

A

월 일 / 18

① $497 + 858 =$

② $861 + 875 =$

③ $137 + 685 =$

④ $486 + 461 =$

⑤ $109 + 415 =$

⑥ $754 + 579 =$

⑦ $965 + 406 =$

⑧ $256 + 948 =$

⑨ $634 + 725 =$

⑩ $962 + 397 =$

⑪ $819 + 927 =$

⑫ $198 + 245 =$

⑬ $951 + 273 =$

⑭ $479 + 328 =$

⑮ $587 + 569 =$

⑯ $684 + 897 =$

⑰ $406 + 999 =$

⑱ $979 + 643 =$

5 Day 세 자리 수의 덧셈과 뺄셈 종합 ❶

B

월 일 / 18

①

	5	2	3
−	2	6	5

②

	7	7	3
−	6	6	8

③

	9	8	1
−	4	1	2

④

	6	0	7
−	3	4	1

⑤

	8	2	4
−	4	9	7

⑥

	7	5	5
−	4	9	4

⑦

	9	2	4
−	5	5	3

⑧

	9	8	0
−	3	4	6

⑨

	6	0	3
−	4	8	1

⑩

	5	1	1
−	2	4	8

⑪

	8	0	8
−	5	8	9

⑫

	7	1	0
−	3	5	8

⑬

	8	1	2
−	1	7	6

⑭

	5	4	2
−	2	5	3

⑮

	8	0	0
−	7	8	7

⑯

	6	3	4
−	2	8	9

⑰

	9	6	1
−	4	7	2

⑱

	9	4	5
−	5	4	8

세 자리 수의 덧셈과 뺄셈 종합 ②

▶ 학습계획 : 매일 공부할 날짜를 정하고, 계획에 맞게 공부하세요.

일차	1일차	2일차	3일차	4일차	5일차
날짜	/	/	/	/	/

▶ 학습연계 : 지금 무엇을 배우는지 확인하고, 이전에 배운 단계와 앞으로 배울 단계를 살펴보세요.

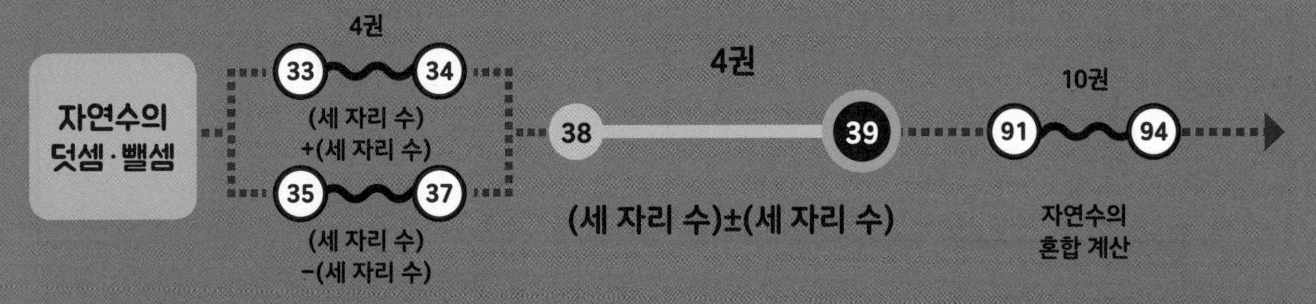

39 세 자리 수의 덧셈과 뺄셈 종합 ❷

(세 자리 수)+(두 자리 수), (세 자리 수)+(세 자리 수)

❶ 일의 자리 → 십의 자리 → 백의 자리 순서로 계산합니다.
❷ 같은 자리 수끼리의 합이 10이거나 10보다 크면 바로 윗자리로 받아올림합니다.

단, 연달아 받아올림이 있는 경우 아랫자리에서 받아올림한 수도 빠뜨리지 않고 계산하도록 주의합니다.

(세 자리 수)−(두 자리 수), (세 자리 수)−(세 자리 수)

❶ 일의 자리 → 십의 자리 → 백의 자리 순서로 계산합니다.
❷ 같은 자리 수끼리 뺄 수 없으면 바로 윗자리에서 받아내림합니다.

단, 받아내림하고 남은 수는 받아내림하기 전의 수보다 1 작아짐을 잊지 말고 계산하도록 주의합니다.

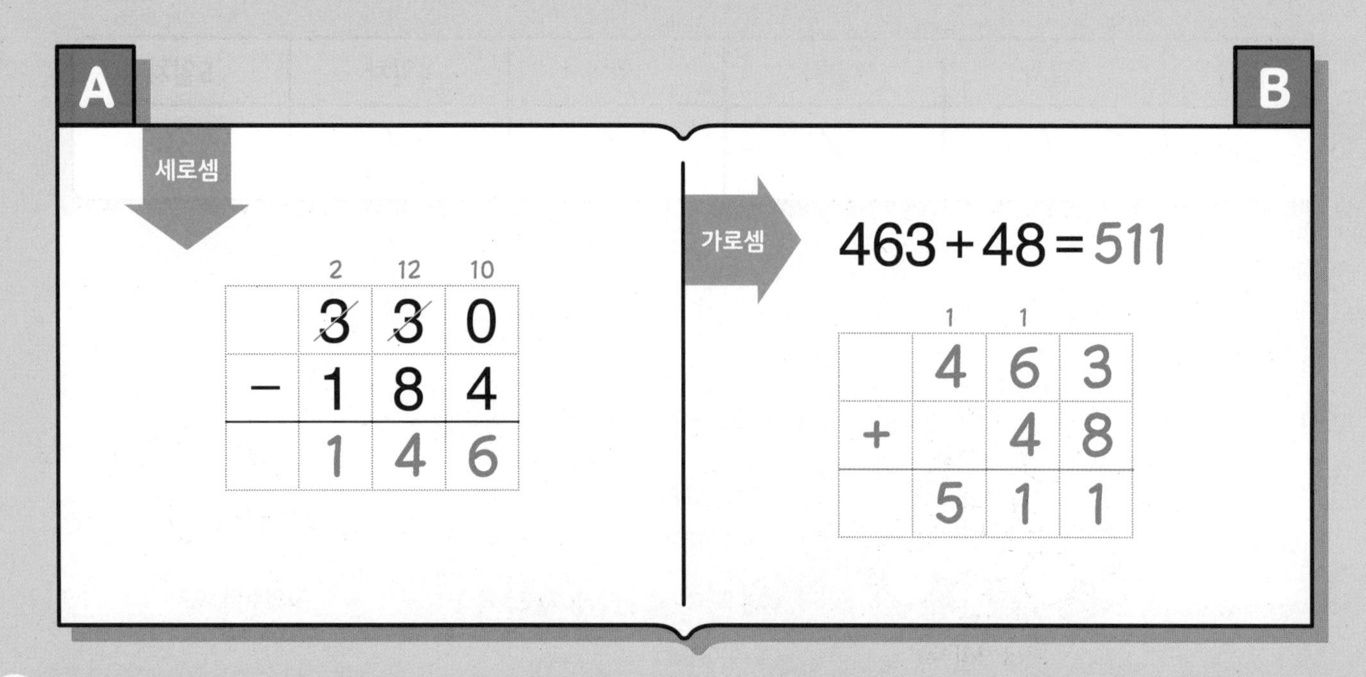

39단계

Day

세 자리 수의 덧셈과 뺄셈 종합 ❷

A

월 일 / 18

①

	5	9	2
+		3	8

②

	6	2	4
−		3	8

③

		9	8
+	3	4	7

④

	4	7	1
−		8	9

⑤

	6	9	3
+		7	9

⑥

	8	0	1
−		2	6

⑦

	9	8	9
+	2	9	5

⑧

	4	6	6
−	2	8	0

⑨

	7	4	7
+	5	8	4

⑩

	4	3	3
−	1	3	9

⑪

	4	9	8
+	8	4	9

⑫

	5	1	4
−	3	4	9

⑬

	2	7	5
+	9	9	6

⑭

	6	5	2
−	3	8	6

⑮

	9	5	8
+	9	8	0

⑯

	9	2	0
−	5	3	8

⑰

	6	2	4
+	3	9	8

⑱

	3	5	1
−	1	5	3

세 자리 수의 덧셈과 뺄셈 종합 ❷

B

월 일 / 12

① $238+89=$

⑤ $377+848=$

⑨ $155+317=$

② $934-58=$

⑥ $443-108=$

⑩ $771-659=$

③ $421+163=$

⑦ $506+479=$

⑪ $620+794=$

④ $675-325=$

⑧ $900-514=$

⑫ $803-386=$

세 자리 수의 덧셈과 뺄셈 종합 ❷

A

월 일 / 18

①
	8	7	4
+		5	7

②
	8	1	2
−		5	9

③
	3	7	5
+		2	9

④
	7	5	2
−		5	7

⑤
		7	5
+	8	5	9

⑥
	8	2	1
−		7	4

⑦
	8	7	8
+	8	5	3

⑧
	4	5	6
−	1	8	7

⑨
	6	9	6
+	6	4	5

⑩
	7	8	6
−	1	7	7

⑪
	7	7	5
+	9	6	9

⑫
	9	6	4
−	6	8	9

⑬
	6	6	9
+	8	5	4

⑭
	6	0	1
−	1	3	2

⑮
	7	7	8
+	5	8	0

⑯
	4	6	3
−	2	9	8

⑰
	9	4	5
+	3	9	6

⑱
	6	9	1
−	3	9	5

2 Day 세 자리 수의 덧셈과 뺄셈 종합 ❷

월 일 / 12

① $140+88=$

② $761-99=$

③ $317+252=$

④ $694-301=$

⑤ $955+377=$

⑥ $810-577=$

⑦ $702+649=$

⑧ $300-164=$

⑨ $576+148=$

⑩ $938-452=$

⑪ $480+533=$

⑫ $523-267=$

39단계

세 자리 수의 덧셈과 뺄셈 종합 ❷

A

월 일 / 18

①

	4	3	9
+		8	2

②

	9	8	4
−		9	6

③

		7	9
+	9	5	6

④

	8	4	1
−		9	7

⑤

	7	8	9
+		4	7

⑥

	9	0	1
−		6	9

⑦

	6	5	7
+	6	8	5

⑧

	7	3	5
−	1	6	7

⑨

	9	8	4
+	4	9	9

⑩

	8	5	2
−	4	9	4

⑪

	5	9	6
+	6	5	7

⑫

	3	7	2
−	1	7	9

⑬

	7	8	7
+	8	6	8

⑭

	9	3	5
−	5	8	6

⑮

	8	9	3
+	4	7	0

⑯

	5	4	9
−	3	7	7

⑰

	3	7	5
+	8	4	8

⑱

	8	3	4
−	5	4	6

39단계

3 Day

세 자리 수의 덧셈과 뺄셈 종합 ❷

B

월 일 / 12

① $63+458=$

② $174-96=$

③ $314+251=$

④ $765-312=$

⑤ $679+526=$

⑥ $618-319=$

⑦ $614+391=$

⑧ $900-799=$

⑨ $855+327=$

⑩ $993-684=$

⑪ $533+209=$

⑫ $610-557=$

세 자리 수의 덧셈과 뺄셈 종합 ❷

월 일 / 18

①
	9	5	7
+		9	5

②
	6	7	2
−		8	7

③
	6	3	9
+		9	2

④
	7	5	3
−		8	6

⑤
		7	8
+	2	6	5

⑥
	9	5	5
−		5	9

⑦
	3	8	9
+	9	9	5

⑧
	5	7	2
−	2	5	3

⑨
	7	6	9
+	8	8	8

⑩
	5	4	6
−	3	4	8

⑪
	8	8	9
+	7	6	4

⑫
	9	0	0
−	5	9	8

⑬
	5	7	6
+	6	4	8

⑭
	8	2	3
−	5	9	9

⑮
	6	8	9
+	6	5	0

⑯
	4	2	1
−	1	5	4

⑰
	5	2	5
+	8	9	7

⑱
	5	3	6
−	3	7	7

세 자리 수의 덧셈과 뺄셈 종합 ❷

B

월 일 / 12

① $232+78=$

⑤ $389+852=$

⑨ $620+191=$

② $600-36=$

⑥ $812-153=$

⑩ $723-380=$

③ $527+341=$

⑦ $239+293=$

⑪ $405+798=$

④ $485-264=$

⑧ $530-255=$

⑫ $909-836=$

39단계

세 자리 수의 덧셈과 뺄셈 종합 ❷

A

월 일 / 18

①

	6	6	8
+		7	9

②

	7	2	2
−		4	5

③

		6	4
+	9	8	9

④

	8	1	5
−		2	7

⑤

	3	4	6
+		8	7

⑥

	4	5	7
−		9	8

⑦

	7	9	8
+	4	5	6

⑧

	6	1	3
−	3	7	4

⑨

	6	8	9
+	5	7	5

⑩

	8	0	3
−	6	3	7

⑪

	4	9	5
+	8	4	6

⑫

	7	5	8
−	4	6	9

⑬

	5	5	6
+	7	8	9

⑭

	5	7	9
−	3	8	3

⑮

	7	6	8
+	9	9	0

⑯

	9	3	1
−	8	8	8

⑰

	5	6	7
+	8	6	9

⑱

	9	4	5
−	5	9	8

39단계

5 Day

세 자리 수의 덧셈과 뺄셈 종합 ❷

B

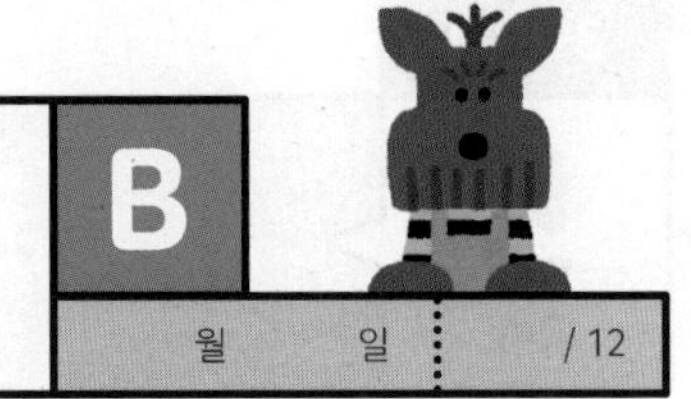

월 일 / 12

① $617+85=$

⑤ $858+473=$

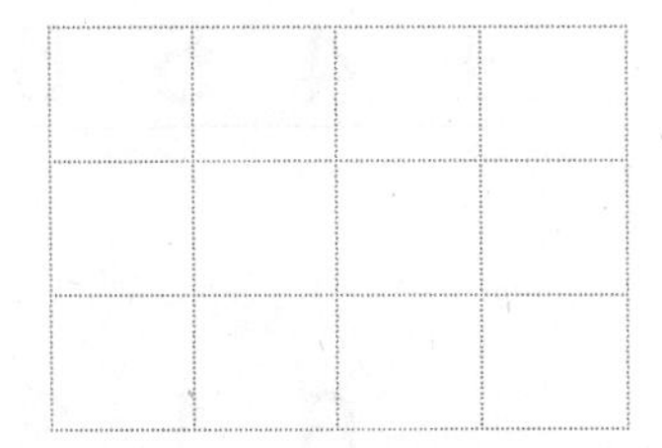

⑨ $762+615=$

② $488-99=$

⑥ $947-863=$

⑩ $564-338=$

③ $263+114=$

⑦ $169+256=$

⑪ $107+568=$

④ $753-231=$

⑧ $504-105=$

⑫ $800-436=$

2학년 방정식

세 자리 수의 덧셈식이나 뺄셈식에서도 덧셈과 뺄셈의 관계를 이용하여
식을 바꿀 수 있다면 □가 있는 방정식을 쉽게 해결할 수 있습니다.
수직선을 그려서 전체와 부분의 관계를 눈으로 확인하고, 식을 자유롭게
바꿀 수 있도록 연습하세요.
□를 구하는 식의 계산에서 받아올림과 받아내림에 주의하면서 계산 실수가
없도록 하는 것도 잊지 말아요!

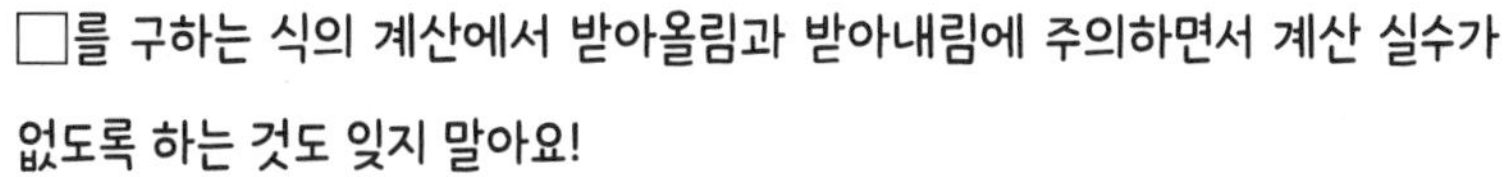

일차	학습 내용		날짜
1일차	□가 있는 덧셈식	500 + □ = 700에서 □ = ?	/
2일차	□가 있는 덧셈식	□ + 200 = 600에서 □ = ?	/
3일차	□가 있는 뺄셈식	800 - □ = 400에서 □ = ?	/
4일차	□가 있는 뺄셈식	□ - 300 = 200에서 □ = ?	/
5일차	□가 있는 덧셈식, 뺄셈식의 활용		/

2학년 방정식

수직선 안에 식이 숨어 있어요.

수직선에는 4개의 식이 숨어 있어요. 모두 찾아볼까요?

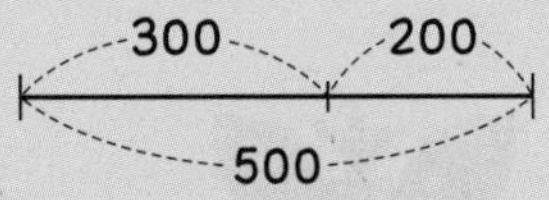

(수직선: 300, 200, 전체 500)

300과 200을 더하면 500(전체) → $300+200=500$

200과 300을 더하면 500(전체) → $200+300=500$

500(전체)에서 300을 빼면 200 → $500-300=200$

500(전체)에서 200을 빼면 300 → $500-200=300$

수직선만 그리면 □를 구하는 식을 만들 수 있어요.

덧셈식 '300+□=500'과 뺄셈식 '□-354=138'에서 □를 구하고 싶다면 먼저 수직선으로 나타내요.
그 다음 □를 구할 수 있는 식으로 바꾸는 거예요.

$300+\square=500$ → (수직선: 300, □, 전체 500) → $\square=500-300$ → $\square=200$

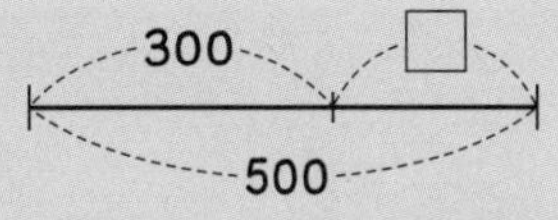

전체 500에서 300을 빼면 □가 돼.
이제 이것을 식으로 나타내면 되지!

$\square-354=138$ → (수직선: 138, 354, 전체 □) → $\square=138+354$ → $\square=492$

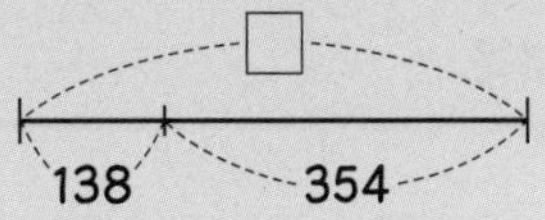

□에서 354를 빼면 138!
138과 354의 합이 전체 □가 되지.

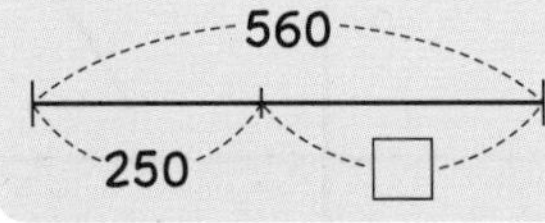

2학년 방정식

A

월 일 / 5

① $500 + \square = 700$ ➡ $\square =$ 700-500 ➡ $\square =$ 200

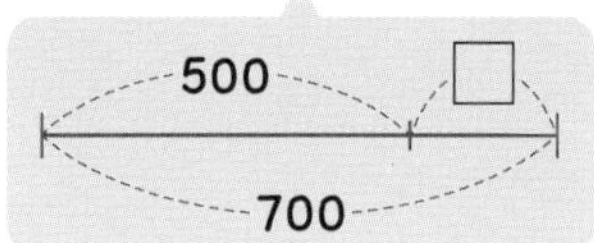

② $416 + \square = 957$ ➡ $\square =$ ______ ➡ $\square =$ ______

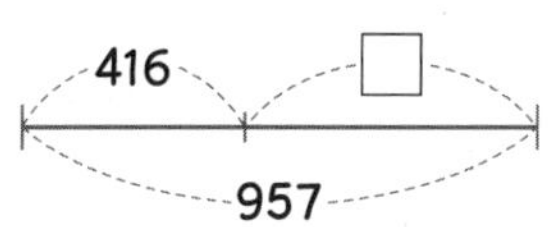

③ $273 + \square = 528$ ➡ $\square =$ ______ ➡ $\square =$ ______

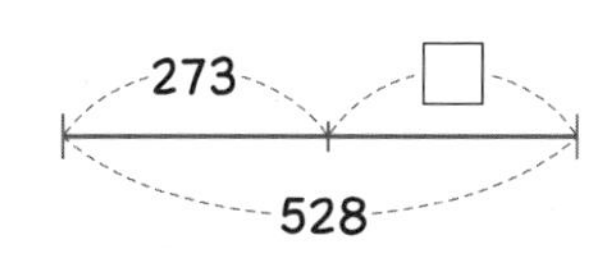

④ $309 + \square = 761$ ➡ $\square =$ ______ ➡ $\square =$ ______

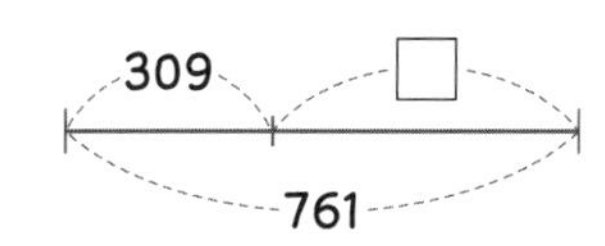

⑤ $568 + \square = 845$ ➡ $\square =$ ______ ➡ $\square =$ ______

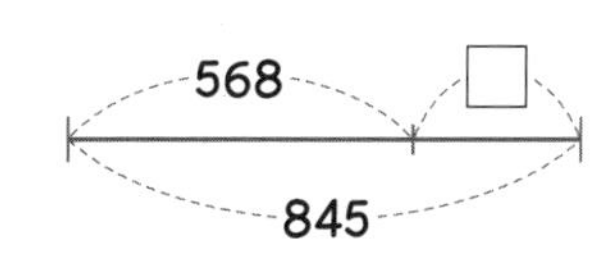

2학년 방정식

B

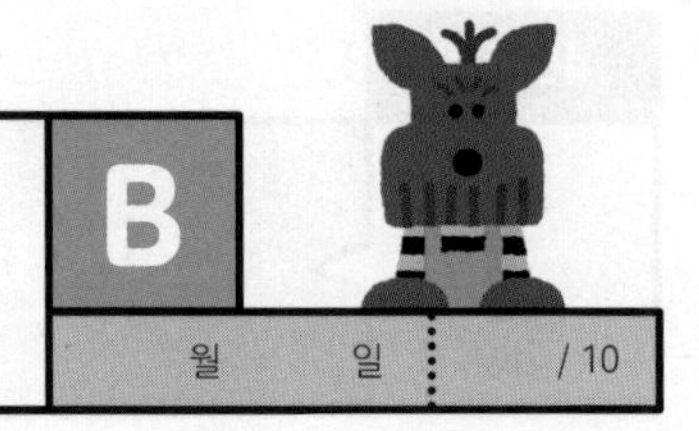

월 일 / 10

① $154+\square=395$ $\square=395-154$

➡ $\square=$ ______

② $290+\square=500$

➡ $\square=$ ______

③ $539+\square=685$

➡ $\square=$ ______

④ $475+\square=803$

➡ $\square=$ ______

⑤ $676+\square=854$

➡ $\square=$ ______

⑥ $201+\square=700$

➡ $\square=$ ______

⑦ $526+\square=909$

➡ $\square=$ ______

⑧ $468+\square=772$

➡ $\square=$ ______

⑨ $387+\square=962$

➡ $\square=$ ______

⑩ $144+\square=300$

➡ $\square=$ ______

2학년 방정식

A

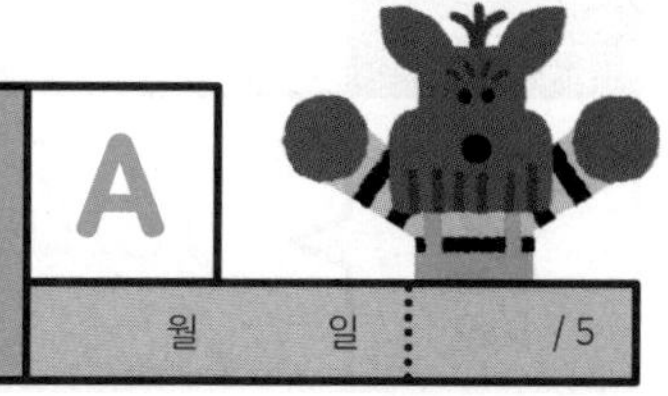

월 일 / 5

① □+200=600 ➡ □= 600-200 ➡ □= 400

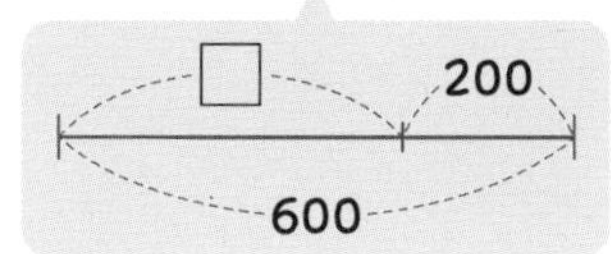

② □+152=463 ➡ □= ______ ➡ □= ______

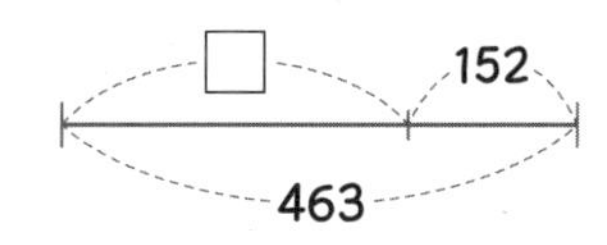

③ □+409=751 ➡ □= ______ ➡ □= ______

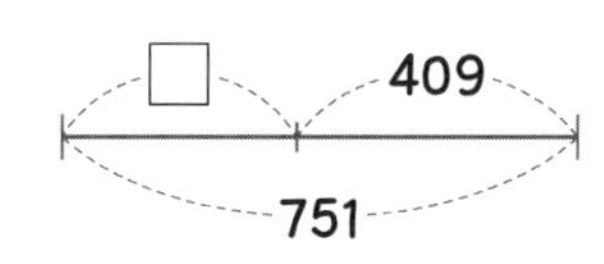

④ □+754=938 ➡ □= ______ ➡ □= ______

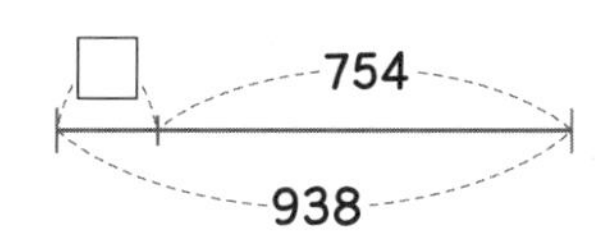

⑤ □+298=876 ➡ □= ______ ➡ □= ______

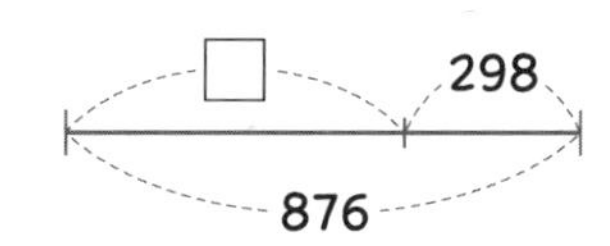

2학년 방정식

B

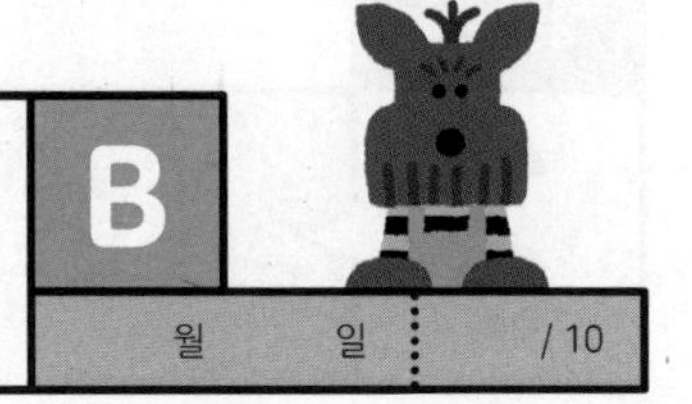

월 일 / 10

① □+503=806 □=806-503

➡ □= ______

② □+650=736

➡ □= ______

③ □+218=947

➡ □= ______

④ □+169=500

➡ □= ______

⑤ □+247=315

➡ □= ______

⑥ □+149=706

➡ □= ______

⑦ □+374=627

➡ □= ______

⑧ □+176=482

➡ □= ______

⑨ □+547=824

➡ □= ______

⑩ □+405=600

➡ □= ______

3 Day 2학년 방정식

A

월 일 /5

① $800-\square=400$ ➡ $\square=$ 800-400 ➡ $\square=$ 400

② $537-\square=116$ ➡ $\square=$ ________ ➡ $\square=$ ____

③ $982-\square=493$ ➡ $\square=$ ________ ➡ $\square=$ ____

④ $658-\square=274$ ➡ $\square=$ ________ ➡ $\square=$ ____

⑤ $785-\square=329$ ➡ $\square=$ ________ ➡ $\square=$ ____

2학년 방정식

B

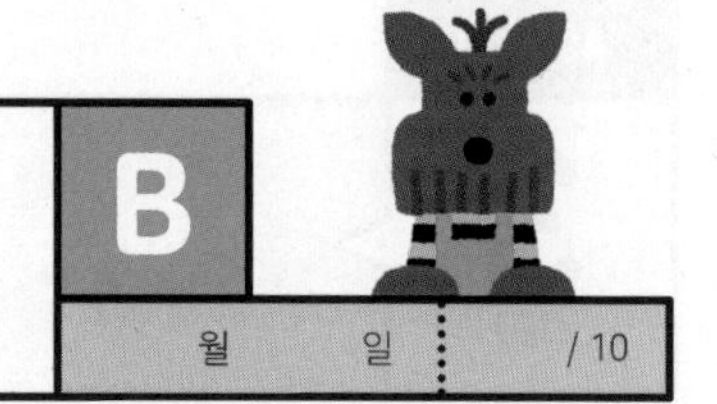

월 일 / 10

① $743-\square=630$ ($\square=743-630$)

➡ $\square=$ ______

② $239-\square=154$

➡ $\square=$ ______

③ $975-\square=839$

➡ $\square=$ ______

④ $732-\square=569$

➡ $\square=$ ______

⑤ $800-\square=201$

➡ $\square=$ ______

⑥ $307-\square=178$

➡ $\square=$ ______

⑦ $627-\square=534$

➡ $\square=$ ______

⑧ $496-\square=138$

➡ $\square=$ ______

⑨ $900-\square=725$

➡ $\square=$ ______

⑩ $536-\square=257$

➡ $\square=$ ______

2학년 방정식

A

월 일 /5

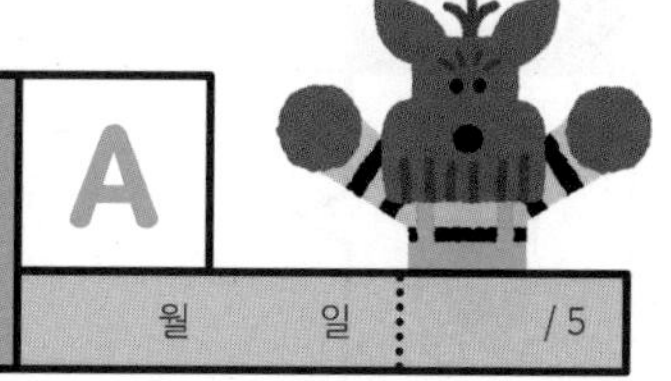

① $\square - 300 = 200$ ➡ $\square =$ 200 + 300 (또는 300 + 200) ➡ $\square =$ 500

□ : 200, 300

② $\square - 225 = 413$ ➡ $\square =$ ______ ➡ $\square =$ ______

□ : 413, 225

③ $\square - 164 = 752$ ➡ $\square =$ ______ ➡ $\square =$ ______

□ : 752, 164

④ $\square - 437 = 638$ ➡ $\square =$ ______ ➡ $\square =$ ______

□ : 638, 437

⑤ $\square - 856 = 376$ ➡ $\square =$ ______ ➡ $\square =$ ______

□ : 376, 856

2학년 방정식

B

① $\square - 236 = 741$ ($\square = 741 + 236$)

➡ $\square =$ ______

② $\square - 983 = 226$

➡ $\square =$ ______

③ $\square - 107 = 513$

➡ $\square =$ ______

④ $\square - 549 = 872$

➡ $\square =$ ______

⑤ $\square - 354 = 668$

➡ $\square =$ ______

⑥ $\square - 759 = 534$

➡ $\square =$ ______

⑦ $\square - 215 = 283$

➡ $\square =$ ______

⑧ $\square - 64 = 857$

➡ $\square =$ ______

⑨ $\square - 489 = 916$

➡ $\square =$ ______

⑩ $\square - 856 = 475$

➡ $\square =$ ______

5 Day 2학년 방정식

A

월 일 / 10

① $343+\square=697$

➡ $\square=$ ______

② $179+\square=811$

➡ $\square=$ ______

③ $\square+294=782$

➡ $\square=$ ______

④ $\square+683=900$

➡ $\square=$ ______

⑤ $\square+338=613$

➡ $\square=$ ______

⑥ $438-\square=263$

➡ $\square=$ ______

⑦ $905-\square=458$

➡ $\square=$ ______

⑧ $\square-538=239$

➡ $\square=$ ______

⑨ $\square-792=608$

➡ $\square=$ ______

⑩ $\square-659=425$

➡ $\square=$ ______

5 Day 2학년 방정식

B

월 일 /3

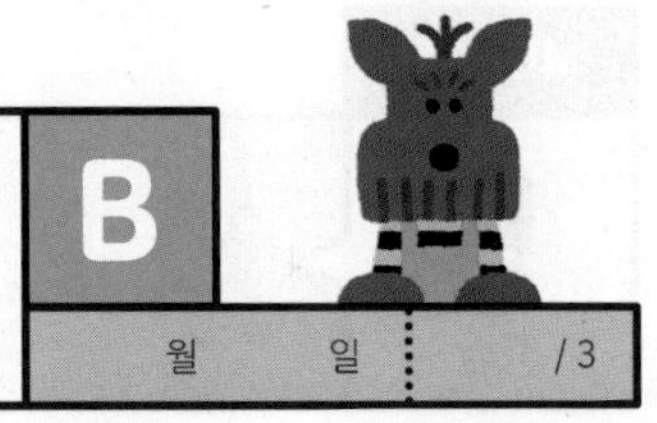

① 혜미네 학교 남학생 몇 명과 여학생 226명이 체험 학습에 참가하였습니다.
체험 학습에 참가한 학생은 모두 474명이에요.
체험 학습에 참가한 남학생은 몇 명일까요?

식 $\square + 226 = 474$

답 명

② 트럭에 실은 토마토 중에서
374개를 상자에 담았더니 146개가 남았어요.
처음 트럭에 실은 토마토는 몇 개였을까요?

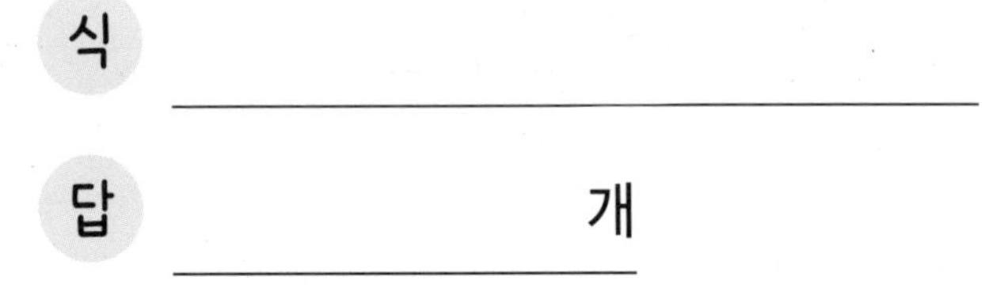

식

답 개

들이 단위, L라고도 써요.

③ 물이 235 리터 들어 있는 수조에 물을 더 부었더니
수조의 물이 420 리터가 되었어요.
더 부은 물은 몇 리터일까요?

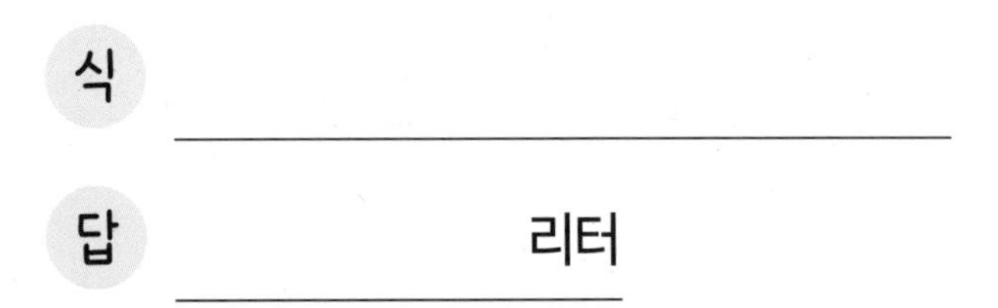

식

답 리터

4권 끝!

5권으로 넘어갈까요?

앗!

본책의 정답과 풀이를 분실하셨나요?
길벗스쿨 홈페이지에 들어오시면 내려받으실 수 있습니다.
https://school.gilbut.co.kr/

기적의 계산법

정답

초등 2학년

정답

4 권

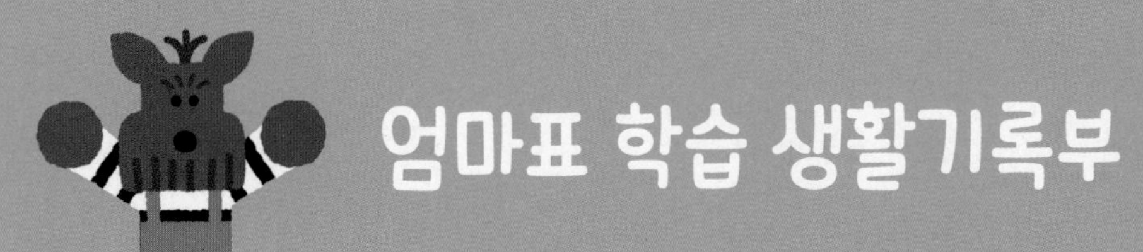

엄마표 학습 생활기록부

31 단계 <학습기간> 월 일 ~ 월 일

계획 준수	① 매우 잘함	② 잘함	③ 보통	④ 노력 요함	종합의견
원리 이해	① 매우 잘함	② 잘함	③ 보통	④ 노력 요함	
시간 단축	① 매우 잘함	② 잘함	③ 보통	④ 노력 요함	
정확성	① 매우 잘함	② 잘함	③ 보통	④ 노력 요함	

32 단계 <학습기간> 월 일 ~ 월 일

계획 준수	① 매우 잘함	② 잘함	③ 보통	④ 노력 요함	종합의견
원리 이해	① 매우 잘함	② 잘함	③ 보통	④ 노력 요함	
시간 단축	① 매우 잘함	② 잘함	③ 보통	④ 노력 요함	
정확성	① 매우 잘함	② 잘함	③ 보통	④ 노력 요함	

33 단계 <학습기간> 월 일 ~ 월 일

계획 준수	① 매우 잘함	② 잘함	③ 보통	④ 노력 요함	종합의견
원리 이해	① 매우 잘함	② 잘함	③ 보통	④ 노력 요함	
시간 단축	① 매우 잘함	② 잘함	③ 보통	④ 노력 요함	
정확성	① 매우 잘함	② 잘함	③ 보통	④ 노력 요함	

34 단계 <학습기간> 월 일 ~ 월 일

계획 준수	① 매우 잘함	② 잘함	③ 보통	④ 노력 요함	종합의견
원리 이해	① 매우 잘함	② 잘함	③ 보통	④ 노력 요함	
시간 단축	① 매우 잘함	② 잘함	③ 보통	④ 노력 요함	
정확성	① 매우 잘함	② 잘함	③ 보통	④ 노력 요함	

35 단계 <학습기간> 월 일 ~ 월 일

계획 준수	① 매우 잘함	② 잘함	③ 보통	④ 노력 요함	종합의견
원리 이해	① 매우 잘함	② 잘함	③ 보통	④ 노력 요함	
시간 단축	① 매우 잘함	② 잘함	③ 보통	④ 노력 요함	
정확성	① 매우 잘함	② 잘함	③ 보통	④ 노력 요함	

엄마가 선생님이 되어 아이의 학업 성취도를 평가해 주세요.

36 단계

<학습기간> 월 일 ~ 월 일

계획 준수	① 매우 잘함	② 잘함	③ 보통	④ 노력 요함	종합의견
원리 이해	① 매우 잘함	② 잘함	③ 보통	④ 노력 요함	
시간 단축	① 매우 잘함	② 잘함	③ 보통	④ 노력 요함	
정확성	① 매우 잘함	② 잘함	③ 보통	④ 노력 요함	

37 단계

<학습기간> 월 일 ~ 월 일

계획 준수	① 매우 잘함	② 잘함	③ 보통	④ 노력 요함	종합의견
원리 이해	① 매우 잘함	② 잘함	③ 보통	④ 노력 요함	
시간 단축	① 매우 잘함	② 잘함	③ 보통	④ 노력 요함	
정확성	① 매우 잘함	② 잘함	③ 보통	④ 노력 요함	

38 단계

<학습기간> 월 일 ~ 월 일

계획 준수	① 매우 잘함	② 잘함	③ 보통	④ 노력 요함	종합의견
원리 이해	① 매우 잘함	② 잘함	③ 보통	④ 노력 요함	
시간 단축	① 매우 잘함	② 잘함	③ 보통	④ 노력 요함	
정확성	① 매우 잘함	② 잘함	③ 보통	④ 노력 요함	

39 단계

<학습기간> 월 일 ~ 월 일

계획 준수	① 매우 잘함	② 잘함	③ 보통	④ 노력 요함	종합의견
원리 이해	① 매우 잘함	② 잘함	③ 보통	④ 노력 요함	
시간 단축	① 매우 잘함	② 잘함	③ 보통	④ 노력 요함	
정확성	① 매우 잘함	② 잘함	③ 보통	④ 노력 요함	

40 단계

<학습기간> 월 일 ~ 월 일

계획 준수	① 매우 잘함	② 잘함	③ 보통	④ 노력 요함	종합의견
원리 이해	① 매우 잘함	② 잘함	③ 보통	④ 노력 요함	
시간 단축	① 매우 잘함	② 잘함	③ 보통	④ 노력 요함	
정확성	① 매우 잘함	② 잘함	③ 보통	④ 노력 요함	

구구단 종합 ❶

31단계에서는 2단부터 9단까지의 구구단을 복습합니다. 앞에서부터 차례대로 외우는 것이 아니라 2단, 3단, 4단, 5단, 6단, 7단, 8단, 9단 중에서 임의로 곱셈식을 외워야 하므로 헷갈릴 수 있습니다. 끈기를 가지고 구구단을 완벽하게 외울 수 있도록 이끌어 주세요.

1 Day

11쪽 Ⓐ

① 12
② 14
③ 48
④ 36
⑤ 25
⑥ 49
⑦ 8
⑧ 40
⑨ 63
⑩ 15
⑪ 45
⑫ 32
⑬ 32
⑭ 18
⑮ 21
⑯ 48
⑰ 10
⑱ 28
⑲ 27
⑳ 54
㉑ 12
㉒ 81
㉓ 20
㉔ 8
㉕ 35
㉖ 35
㉗ 18
㉘ 9
㉙ 20
㉚ 64

12쪽 Ⓑ

	×5	×4	×2	×9	×8
7	35	28	14	63	56
3	15	12	6	27	24
1	5	4	2	9	8
6	30	24	12	54	48
5	25	20	10	45	40

2 Day

13쪽 Ⓐ

① 27
② 64
③ 24
④ 10
⑤ 24
⑥ 21
⑦ 16
⑧ 35
⑨ 45
⑩ 18
⑪ 72
⑫ 6
⑬ 56
⑭ 30
⑮ 63
⑯ 36
⑰ 36
⑱ 72
⑲ 12
⑳ 12
㉑ 16
㉒ 56
㉓ 24
㉔ 42
㉕ 16
㉖ 6
㉗ 30
㉘ 81
㉙ 42
㉚ 40

14쪽 Ⓑ

	×1	×2	×6	×7	×3
8	8	16	48	56	24
2	2	4	12	14	6
4	4	8	24	28	12
9	9	18	54	63	27
5	5	10	30	35	15

3 Day

15쪽 A

① 35
② 18
③ 14
④ 9
⑤ 36
⑥ 49
⑦ 12
⑧ 54
⑨ 28
⑩ 32
⑪ 21
⑫ 54
⑬ 24
⑭ 10
⑮ 40
⑯ 16
⑰ 45
⑱ 15
⑲ 42
⑳ 4
㉑ 18
㉒ 40
㉓ 48
㉔ 18
㉕ 63
㉖ 63
㉗ 10
㉘ 20
㉙ 16
㉚ 28

16쪽 B

	×5	×9	×6	×4	×8
3	15	27	18	12	24
7	35	63	42	28	56
1	5	9	6	4	8
6	30	54	36	24	48
2	10	18	12	8	16

4 Day

17쪽 A

① 18
② 24
③ 35
④ 36
⑤ 24
⑥ 12
⑦ 40
⑧ 15
⑨ 56
⑩ 12
⑪ 28
⑫ 20
⑬ 48
⑭ 12
⑮ 14
⑯ 72
⑰ 24
⑱ 56
⑲ 27
⑳ 30
㉑ 72
㉒ 21
㉓ 24
㉔ 14
㉕ 12
㉖ 36
㉗ 30
㉘ 8
㉙ 18
㉚ 54

18쪽 B

	×6	×3	×5	×7	×2
9	54	27	45	63	18
8	48	24	40	56	16
7	42	21	35	49	14
0	0	0	0	0	0
4	24	12	20	28	8

5 Day

19쪽 A

① 27
② 40
③ 42
④ 8
⑤ 40
⑥ 14
⑦ 15
⑧ 27
⑨ 36
⑩ 28
⑪ 6
⑫ 49
⑬ 45
⑭ 48
⑮ 8
⑯ 24
⑰ 20
⑱ 30
⑲ 81
⑳ 12
㉑ 18
㉒ 56
㉓ 18
㉔ 54
㉕ 25
㉖ 12
㉗ 64
㉘ 14
㉙ 30
㉚ 32

20쪽 B

	×4	×7	×9	×6	×5
0	0	0	0	0	0
5	20	35	45	30	25
2	8	14	18	12	10
8	32	56	72	48	40
3	12	21	27	18	15

32 단계 구구단 종합 ❷

32단계에서는 복면산(모르는 수가 있는 식)을 통해 구구단을 확실히 다집니다. □×6=30과 같이 모르는 수가 앞에 있는 곱셈식을 어려워하는 아이들에게는 □×6은 6×□와 같다는 것을 이용하여 6단을 외워서 문제를 해결할 수 있게 지도해 주세요.

1 Day

23쪽 A

① 5 ⑪ 4 ㉑ 5
② 9 ⑫ 2 ㉒ 8
③ 7 ⑬ 6 ㉓ 4
④ 9 ⑭ 9 ㉔ 3
⑤ 2 ⑮ 3 ㉕ 9
⑥ 3 ⑯ 5 ㉖ 7
⑦ 4 ⑰ 6 ㉗ 7
⑧ 3 ⑱ 8 ㉘ 5
⑨ 4 ⑲ 2 ㉙ 8
⑩ 3 ⑳ 5 ㉚ 2

24쪽 B

① 6 ⑪ 6 ㉑ 4
② 4 ⑫ 7 ㉒ 9
③ 6 ⑬ 3 ㉓ 8
④ 3 ⑭ 7 ㉔ 3
⑤ 4 ⑮ 4 ㉕ 6
⑥ 8 ⑯ 8 ㉖ 8
⑦ 6 ⑰ 2 ㉗ 9
⑧ 5 ⑱ 8 ㉘ 7
⑨ 7 ⑲ 3 ㉙ 9
⑩ 8 ⑳ 9 ㉚ 8

2 Day

25쪽 A

① 8 ⑪ 8 ㉑ 3
② 3 ⑫ 2 ㉒ 3
③ 7 ⑬ 3 ㉓ 7
④ 4 ⑭ 2 ㉔ 9
⑤ 2 ⑮ 5 ㉕ 2
⑥ 6 ⑯ 9 ㉖ 7
⑦ 7 ⑰ 2 ㉗ 8
⑧ 8 ⑱ 4 ㉘ 9
⑨ 5 ⑲ 9 ㉙ 4
⑩ 6 ⑳ 5 ㉚ 3

26쪽 B

① 2 ⑪ 9 ㉑ 7
② 6 ⑫ 2 ㉒ 9
③ 3 ⑬ 8 ㉓ 4
④ 3 ⑭ 9 ㉔ 8
⑤ 4 ⑮ 6 ㉕ 9
⑥ 7 ⑯ 5 ㉖ 8
⑦ 6 ⑰ 2 ㉗ 4
⑧ 4 ⑱ 5 ㉘ 7
⑨ 2 ⑲ 4 ㉙ 2
⑩ 5 ⑳ 8 ㉚ 5

3 Day

27쪽 A

① 4	⑪ 2	㉑ 4
② 6	⑫ 9	㉒ 6
③ 3	⑬ 4	㉓ 9
④ 2	⑭ 9	㉔ 5
⑤ 3	⑮ 9	㉕ 8
⑥ 2	⑯ 4	㉖ 9
⑦ 7	⑰ 6	㉗ 7
⑧ 2	⑱ 5	㉘ 3
⑨ 6	⑲ 9	㉙ 4
⑩ 6	⑳ 6	㉚ 3

28쪽 B

① 3	⑪ 9	㉑ 5
② 3	⑫ 2	㉒ 9
③ 6	⑬ 8	㉓ 7
④ 7	⑭ 4	㉔ 5
⑤ 2	⑮ 4	㉕ 3
⑥ 3	⑯ 2	㉖ 5
⑦ 4	⑰ 5	㉗ 4
⑧ 5	⑱ 8	㉘ 3
⑨ 8	⑲ 6	㉙ 6
⑩ 9	⑳ 9	㉚ 8

4 Day

29쪽 A

① 8	⑪ 9	㉑ 7
② 7	⑫ 8	㉒ 3
③ 4	⑬ 9	㉓ 4
④ 5	⑭ 2	㉔ 3
⑤ 8	⑮ 5	㉕ 6
⑥ 2	⑯ 2	㉖ 7
⑦ 3	⑰ 8	㉗ 5
⑧ 9	⑱ 4	㉘ 9
⑨ 2	⑲ 3	㉙ 6
⑩ 9	⑳ 5	㉚ 8

30쪽 B

① 4	⑪ 9	㉑ 8
② 6	⑫ 5	㉒ 8
③ 3	⑬ 2	㉓ 9
④ 9	⑭ 8	㉔ 4
⑤ 7	⑮ 6	㉕ 9
⑥ 4	⑯ 9	㉖ 4
⑦ 6	⑰ 2	㉗ 9
⑧ 2	⑱ 4	㉘ 8
⑨ 8	⑲ 5	㉙ 6
⑩ 9	⑳ 8	㉚ 7

5 Day

31쪽 A

① 7	⑪ 9	㉑ 3
② 5	⑫ 3	㉒ 2
③ 4	⑬ 3	㉓ 8
④ 2	⑭ 5	㉔ 7
⑤ 9	⑮ 3	㉕ 6
⑥ 3	⑯ 8	㉖ 2
⑦ 7	⑰ 4	㉗ 9
⑧ 2	⑱ 9	㉘ 2
⑨ 8	⑲ 5	㉙ 4
⑩ 2	⑳ 7	㉚ 6

32쪽 B

① 7	⑪ 4	㉑ 8
② 3	⑫ 8	㉒ 5
③ 2	⑬ 9	㉓ 9
④ 3	⑭ 4	㉔ 2
⑤ 9	⑮ 2	㉕ 7
⑥ 2	⑯ 8	㉖ 8
⑦ 8	⑰ 6	㉗ 3
⑧ 3	⑱ 9	㉘ 4
⑨ 9	⑲ 2	㉙ 5
⑩ 7	⑳ 4	㉚ 3

(세 자리 수)+(세 자리 수) ❶

33단계는 세 자리 수의 덧셈에 대해 공부합니다. 수의 크기만 확장한 것이므로 3권에서 배웠던 두 자리 수의 덧셈을 기억하면서 세 자리 수의 덧셈을 연습하도록 지도해 주세요. 받아올림을 하지 않았는데 한 것으로 계산하거나 받아올림한 수를 잊어버리고 계산하지 않는 실수가 있는지 유심히 살펴주세요.

1 Day

35쪽 A

① 470
② 305
③ 700
④ 954
⑤ 897
⑥ 1199
⑦ 1479
⑧ 524
⑨ 695
⑩ 860
⑪ 939
⑫ 829
⑬ 1551
⑭ 1587
⑮ 1053

36쪽 B

① 887
② 1189
③ 891
④ 792
⑤ 772
⑥ 918
⑦ 829
⑧ 933
⑨ 1492
⑩ 1183
⑪ 1394
⑫ 1295

2 Day

37쪽 A

① 920
② 649
③ 688
④ 859
⑤ 1267
⑥ 1495
⑦ 590
⑧ 951
⑨ 836
⑩ 918
⑪ 462
⑫ 784
⑬ 925
⑭ 507
⑮ 1372
⑯ 1263
⑰ 1272
⑱ 1166

38쪽 B

① 957
② 1565
③ 643
④ 875
⑤ 531
⑥ 758
⑦ 445
⑧ 874
⑨ 1295
⑩ 1532
⑪ 1461
⑫ 1287

3 Day

39쪽 A

① 780 ② 837 ③ 548 ④ 763 ⑤ 1694 ⑥ 1357 ⑦ 773 ⑧ 884 ⑨ 948 ⑩ 718 ⑪ 385 ⑫ 963 ⑬ 719 ⑭ 847 ⑮ 1194 ⑯ 1780 ⑰ 1596 ⑱ 1182

40쪽 B

① 697 ② 1198 ③ 524 ④ 658 ⑤ 792 ⑥ 707 ⑦ 936 ⑧ 618 ⑨ 1471 ⑩ 1132 ⑪ 1493 ⑫ 1572

4 Day

41쪽 A

① 690 ② 678 ③ 495 ④ 829 ⑤ 1488 ⑥ 1656 ⑦ 822 ⑧ 893 ⑨ 825 ⑩ 927 ⑪ 1168 ⑫ 1497 ⑬ 852 ⑭ 981 ⑮ 548 ⑯ 717 ⑰ 1183 ⑱ 1573

42쪽 B

① 889 ② 1379 ③ 675 ④ 794 ⑤ 967 ⑥ 779 ⑦ 626 ⑧ 967 ⑨ 1341 ⑩ 1192 ⑪ 1553 ⑫ 1591

5 Day

43쪽 A

① 755 ② 987 ③ 628 ④ 745 ⑤ 1094 ⑥ 1263 ⑦ 681 ⑧ 666 ⑨ 516 ⑩ 778 ⑪ 1274 ⑫ 1282 ⑬ 871 ⑭ 795 ⑮ 938 ⑯ 629 ⑰ 1185 ⑱ 1573

44쪽 B

① 897 ② 1788 ③ 1052 ④ 751 ⑤ 583 ⑥ 826 ⑦ 689 ⑧ 608 ⑨ 1146 ⑩ 1472 ⑪ 1753 ⑫ 1491

(세 자리 수)+(세 자리 수) ❷

34단계는 받아올림이 연속해서 2번 또는 3번 있는 경우의 덧셈으로 받아올림에 유의하여 계산합니다. 이 단계를 힘들어하는 아이들은 연속된 받아올림에 자신이 없는 것이므로 3권의 21단계를 복습하는 것이 좋습니다.

1 Day

47쪽 A

① 755 ② 526 ③ 700 ④ 343 ⑤ 932 ⑥ 1589 ⑦ 1823 ⑧ 1318 ⑨ 1236 ⑩ 1215 ⑪ 1655 ⑫ 1145 ⑬ 1572 ⑭ 1284 ⑮ 1347

48쪽 B

① 327 ② 910 ③ 823 ④ 422 ⑤ 1928 ⑥ 1256 ⑦ 1849 ⑧ 1469 ⑨ 1253 ⑩ 1225 ⑪ 1744 ⑫ 1523

2 Day

49쪽 A

① 922 ② 316 ③ 731 ④ 453 ⑤ 746 ⑥ 1355 ⑦ 1418 ⑧ 1955 ⑨ 1235 ⑩ 1546 ⑪ 1530 ⑫ 1365 ⑬ 1624 ⑭ 1321 ⑮ 1145 ⑯ 1267 ⑰ 1022 ⑱ 1436

50쪽 B

① 852 ② 937 ③ 884 ④ 665 ⑤ 1247 ⑥ 1325 ⑦ 1488 ⑧ 1053 ⑨ 1451 ⑩ 1553 ⑪ 1238 ⑫ 1394

3 Day

51쪽 A

① 923
② 435
③ 837
④ 576
⑤ 822
⑥ 1252
⑦ 1425
⑧ 1008
⑨ 1337
⑩ 1746
⑪ 1465
⑫ 1082
⑬ 1531
⑭ 1735
⑮ 1367
⑯ 1264
⑰ 1440
⑱ 1221

52쪽 B

① 721
② 646
③ 845
④ 437
⑤ 1779
⑥ 1014
⑦ 1403
⑧ 1236
⑨ 1363
⑩ 1576
⑪ 1000
⑫ 1465

4 Day

53쪽 A

① 437
② 862
③ 904
④ 943
⑤ 922
⑥ 1325
⑦ 1779
⑧ 1546
⑨ 1259
⑩ 1258
⑪ 1226
⑫ 1655
⑬ 1447
⑭ 1341
⑮ 1682
⑯ 1553
⑰ 1302
⑱ 1254

54쪽 B

① 661
② 377
③ 532
④ 996
⑤ 1007
⑥ 1729
⑦ 1215
⑧ 1565
⑨ 1374
⑩ 1432
⑪ 1437
⑫ 1221

5 Day

55쪽 A

① 644
② 730
③ 528
④ 865
⑤ 843
⑥ 1554
⑦ 1337
⑧ 1217
⑨ 1376
⑩ 1006
⑪ 1328
⑫ 1423
⑬ 1253
⑭ 1372
⑮ 1223
⑯ 1420
⑰ 1267
⑱ 1432

56쪽 B

① 907
② 721
③ 816
④ 742
⑤ 1458
⑥ 1917
⑦ 1325
⑧ 1269
⑨ 1274
⑩ 1001
⑪ 1721
⑫ 1256

(세 자리 수)-(세 자리 수) ❶

35단계는 세 자리 수의 뺄셈에 대해 공부합니다. 수의 크기만 확장한 것이므로 3권에서 배웠던 두 자리 수의 뺄셈을 기억하면서 세 자리 수의 뺄셈을 연습하도록 지도해 주세요. 받아내림을 받아올림보다 어려워하는 경우가 많으므로 받아내림을 제대로 하고 있는지 유심히 살펴주세요.

1 Day

59쪽 Ⓐ

① 300	⑥ 660	⑪ 715
② 20	⑦ 120	⑫ 214
③ 3	⑧ 181	⑬ 403
④ 722	⑨ 353	⑭ 117
⑤ 721	⑩ 383	⑮ 328

60쪽 Ⓑ

① 300	⑤ 440	⑨ 337
② 410	⑥ 541	⑩ 118
③ 295	⑦ 596	⑪ 247
④ 172	⑧ 51	⑫ 637

2 Day

61쪽 Ⓐ

① 300	⑦ 330	⑬ 223
② 60	⑧ 187	⑭ 227
③ 5	⑨ 344	⑮ 618
④ 135	⑩ 398	⑯ 434
⑤ 217	⑪ 161	⑰ 324
⑥ 421	⑫ 472	⑱ 155

62쪽 Ⓑ

① 300	⑤ 110	⑨ 242
② 250	⑥ 256	⑩ 316
③ 333	⑦ 186	⑪ 239
④ 214	⑧ 374	⑫ 553

3 Day

63쪽 A

① 300
② 20
③ 2
④ 103
⑤ 263
⑥ 468
⑦ 120
⑧ 173
⑨ 693
⑩ 265
⑪ 711
⑫ 452
⑬ 524
⑭ 764
⑮ 415
⑯ 228
⑰ 319
⑱ 207

64쪽 B

① 100
② 530
③ 322
④ 632
⑤ 420
⑥ 56
⑦ 483
⑧ 371
⑨ 435
⑩ 442
⑪ 519
⑫ 634

4 Day

65쪽 A

① 400
② 40
③ 4
④ 411
⑤ 323
⑥ 152
⑦ 250
⑧ 156
⑨ 475
⑩ 423
⑪ 197
⑫ 244
⑬ 521
⑭ 746
⑮ 319
⑯ 466
⑰ 336
⑱ 354

66쪽 B

① 500
② 250
③ 111
④ 402
⑤ 140
⑥ 132
⑦ 361
⑧ 273
⑨ 604
⑩ 204
⑪ 257
⑫ 418

5 Day

67쪽 A

① 700
② 20
③ 3
④ 351
⑤ 215
⑥ 254
⑦ 170
⑧ 475
⑨ 575
⑩ 382
⑪ 151
⑫ 583
⑬ 326
⑭ 446
⑮ 516
⑯ 237
⑰ 454
⑱ 672

68쪽 B

① 200
② 120
③ 324
④ 520
⑤ 130
⑥ 792
⑦ 281
⑧ 255
⑨ 625
⑩ 327
⑪ 403
⑫ 626

(세 자리 수)-(세 자리 수) ❷

36단계는 받아내림이 연속해서 2번 있는 경우의 뺄셈으로 받아내림에 유의하여 계산합니다. 연속으로 발생하는 받아내림 상황에서 실수하지 않도록 지도해 주세요. 특히 빼지는 수에 0이 있는 경우는 오답이 빈번히 발생하므로 각별히 주의시켜 주세요.

1 Day

71쪽 A

① 272
② 242
③ 289
④ 136
⑤ 187
⑥ 165
⑦ 266
⑧ 385
⑨ 198
⑩ 489
⑪ 177
⑫ 449
⑬ 388
⑭ 383
⑮ 395

72쪽 B

① 273
② 271
③ 379
④ 198
⑤ 179
⑥ 479
⑦ 165
⑧ 189
⑨ 588
⑩ 385
⑪ 238
⑫ 299

2 Day

73쪽 A

① 377
② 675
③ 189
④ 179
⑤ 278
⑥ 339
⑦ 269
⑧ 178
⑨ 385
⑩ 567
⑪ 796
⑫ 174
⑬ 363
⑭ 269
⑮ 297
⑯ 278
⑰ 566
⑱ 299

74쪽 B

① 172
② 295
③ 78
④ 289
⑤ 224
⑥ 267
⑦ 645
⑧ 159
⑨ 198
⑩ 296
⑪ 686
⑫ 43

3 Day

75쪽 A

① 575 ② 71 ③ 254 ④ 469 ⑤ 179 ⑥ 187
⑦ 347 ⑧ 149 ⑨ 387 ⑩ 136 ⑪ 477 ⑫ 175
⑬ 456 ⑭ 483 ⑮ 595 ⑯ 198 ⑰ 211 ⑱ 259

76쪽 B

① 389 ② 562 ③ 89 ④ 167
⑤ 278 ⑥ 175 ⑦ 146 ⑧ 787
⑨ 339 ⑩ 344 ⑪ 388 ⑫ 153

4 Day

77쪽 A

① 75 ② 62 ③ 219 ④ 487 ⑤ 96 ⑥ 479
⑦ 136 ⑧ 475 ⑨ 169 ⑩ 167 ⑪ 289 ⑫ 689
⑬ 563 ⑭ 185 ⑮ 477 ⑯ 199 ⑰ 485 ⑱ 696

78쪽 B

① 488 ② 167 ③ 178 ④ 78
⑤ 245 ⑥ 184 ⑦ 137 ⑧ 189
⑨ 378 ⑩ 586 ⑪ 166 ⑫ 566

5 Day

79쪽 A

① 134 ② 85 ③ 119 ④ 189 ⑤ 689 ⑥ 279
⑦ 639 ⑧ 387 ⑨ 245 ⑩ 377 ⑪ 248 ⑫ 445
⑬ 343 ⑭ 145 ⑮ 256 ⑯ 274 ⑰ 189 ⑱ 128

80쪽 B

① 371 ② 182 ③ 68 ④ 377
⑤ 283 ⑥ 294 ⑦ 747 ⑧ 279
⑨ 299 ⑩ 397 ⑪ 655 ⑫ 166

(세 자리 수)-(세 자리 수) ③

37단계는 받아내림이 연속해서 2번 있는 경우의 뺄셈 중에서도 빼지는 수의 십의 자리가 0인 경우를 공부합니다. 이번 단계의 문제들에서 오답이 많이 발생하므로 충분한 연습을 통해 완벽하게 계산할 수 있도록 지도해 주세요.

1 Day

83쪽 A

① 191 ② 292 ③ 197 ④ 94 ⑤ 298
⑥ 115 ⑦ 239 ⑧ 322 ⑨ 171 ⑩ 463
⑪ 17 ⑫ 287 ⑬ 9 ⑭ 259 ⑮ 578

84쪽 B

① 296 ② 193 ③ 95 ④ 596
⑤ 64 ⑥ 279 ⑦ 281 ⑧ 352
⑨ 409 ⑩ 49 ⑪ 175 ⑫ 536

2 Day

85쪽 A

① 297 ② 595 ③ 99 ④ 398 ⑤ 191 ⑥ 394
⑦ 257 ⑧ 126 ⑨ 308 ⑩ 233 ⑪ 65 ⑫ 271
⑬ 15 ⑭ 169 ⑮ 357 ⑯ 238 ⑰ 238 ⑱ 449

86쪽 B

① 299 ② 194 ③ 196 ④ 97
⑤ 635 ⑥ 208 ⑦ 122 ⑧ 53
⑨ 178 ⑩ 365 ⑪ 58 ⑫ 138

3 Day

87쪽 A

① 599
② 92
③ 196
④ 193
⑤ 295
⑥ 297
⑦ 87
⑧ 48
⑨ 369
⑩ 56
⑪ 211
⑫ 235
⑬ 79
⑭ 59
⑮ 308
⑯ 147
⑰ 288
⑱ 129

88쪽 B

① 193
② 591
③ 399
④ 192
⑤ 335
⑥ 126
⑦ 264
⑧ 7
⑨ 219
⑩ 273
⑪ 478
⑫ 58

4 Day

89쪽 A

① 191
② 98
③ 93
④ 394
⑤ 92
⑥ 295
⑦ 226
⑧ 107
⑨ 119
⑩ 307
⑪ 144
⑫ 31
⑬ 379
⑭ 28
⑮ 65
⑯ 117
⑰ 87
⑱ 659

90쪽 B

① 198
② 93
③ 91
④ 499
⑤ 285
⑥ 117
⑦ 266
⑧ 35
⑨ 305
⑩ 229
⑪ 249
⑫ 56

5 Day

91쪽 A

① 197
② 495
③ 98
④ 196
⑤ 97
⑥ 199
⑦ 129
⑧ 446
⑨ 418
⑩ 102
⑪ 75
⑫ 161
⑬ 139
⑭ 379
⑮ 45
⑯ 215
⑰ 268
⑱ 258

92쪽 B

① 299
② 293
③ 391
④ 492
⑤ 302
⑥ 318
⑦ 74
⑧ 347
⑨ 188
⑩ 19
⑪ 228
⑫ 336

38단계 세 자리 수의 덧셈과 뺄셈 종합 ❶

38단계는 33단계부터 37단계까지 배운 세 자리 수의 덧셈과 뺄셈을 복습합니다.
난이도가 있는 문제들로 구성되어 있고 문제 수도 많으므로 아이들이 지루해 할 수 있어요.
인내심을 가지고 이 과정을 잘 익힐 수 있게 지도해 주세요.

1 Day

95쪽 A

① 1549	⑦ 896	⑬ 995
② 604	⑧ 1184	⑭ 1347
③ 855	⑨ 921	⑮ 1111
④ 943	⑩ 1407	⑯ 1024
⑤ 1143	⑪ 1004	⑰ 1522
⑥ 1332	⑫ 907	⑱ 1524

96쪽 B

① 330	⑦ 514	⑬ 667
② 309	⑧ 274	⑭ 279
③ 183	⑨ 478	⑮ 289
④ 327	⑩ 318	⑯ 148
⑤ 537	⑪ 489	⑰ 266
⑥ 164	⑫ 265	⑱ 189

2 Day

97쪽 A

① 862	⑦ 1439	⑬ 852
② 1238	⑧ 1375	⑭ 835
③ 1235	⑨ 927	⑮ 1206
④ 768	⑩ 1221	⑯ 1392
⑤ 942	⑪ 1056	⑰ 1565
⑥ 1669	⑫ 1437	⑱ 1837

98쪽 B

① 256	⑦ 681	⑬ 188
② 357	⑧ 848	⑭ 159
③ 274	⑨ 332	⑮ 227
④ 443	⑩ 366	⑯ 328
⑤ 348	⑪ 325	⑰ 687
⑥ 279	⑫ 236	⑱ 199

3 Day

99쪽 A

① 1375 ② 1341 ③ 635 ④ 958 ⑤ 1622 ⑥ 1549 ⑦ 718 ⑧ 1256 ⑨ 1307 ⑩ 1763 ⑪ 1385 ⑫ 1224 ⑬ 926 ⑭ 864 ⑮ 1271 ⑯ 1543 ⑰ 1618 ⑱ 1005

100쪽 B

① 188 ② 247 ③ 479 ④ 569 ⑤ 342 ⑥ 306 ⑦ 164 ⑧ 147 ⑨ 234 ⑩ 627 ⑪ 191 ⑫ 397 ⑬ 277 ⑭ 189 ⑮ 193 ⑯ 349 ⑰ 249 ⑱ 698

4 Day

101쪽 A

① 873 ② 1556 ③ 900 ④ 1384 ⑤ 1731 ⑥ 1357 ⑦ 1215 ⑧ 1174 ⑨ 792 ⑩ 1006 ⑪ 1653 ⑫ 1228 ⑬ 1204 ⑭ 722 ⑮ 678 ⑯ 1467 ⑰ 1441 ⑱ 1492

102쪽 B

① 266 ② 304 ③ 129 ④ 793 ⑤ 238 ⑥ 185 ⑦ 403 ⑧ 392 ⑨ 38 ⑩ 337 ⑪ 255 ⑫ 696 ⑬ 269 ⑭ 274 ⑮ 127 ⑯ 577 ⑰ 86 ⑱ 388

5 Day

103쪽 A

① 1355 ② 1736 ③ 822 ④ 947 ⑤ 524 ⑥ 1333 ⑦ 1371 ⑧ 1204 ⑨ 1359 ⑩ 1359 ⑪ 1746 ⑫ 443 ⑬ 1224 ⑭ 807 ⑮ 1156 ⑯ 1581 ⑰ 1405 ⑱ 1622

104쪽 B

① 258 ② 105 ③ 569 ④ 266 ⑤ 327 ⑥ 261 ⑦ 371 ⑧ 634 ⑨ 122 ⑩ 263 ⑪ 219 ⑫ 352 ⑬ 636 ⑭ 289 ⑮ 13 ⑯ 345 ⑰ 489 ⑱ 397

39 단계 세 자리 수의 덧셈과 뺄셈 종합 ❷

39단계도 33단계부터 37단계까지 배운 세 자리 수의 덧셈과 뺄셈을 복습하는 내용이지만 덧셈과 뺄셈을 번갈아 가며 패턴의 변화를 주었습니다. 덧셈과 뺄셈의 차이를 확실히 인지할 수 있도록 지도해 주세요. 덧셈에서는 받아올림, 뺄셈에서는 받아내림에 주의해야 함을 꼭 기억하도록 해 주세요.

1 Day

107쪽 Ⓐ

① 630
② 586
③ 445
④ 382
⑤ 772
⑥ 775
⑦ 1284
⑧ 186
⑨ 1331
⑩ 294
⑪ 1347
⑫ 165
⑬ 1271
⑭ 266
⑮ 1938
⑯ 382
⑰ 1022
⑱ 198

108쪽 Ⓑ

① 327
② 876
③ 584
④ 350
⑤ 1225
⑥ 335
⑦ 985
⑧ 386
⑨ 472
⑩ 112
⑪ 1414
⑫ 417

2 Day

109쪽 Ⓐ

① 931
② 753
③ 404
④ 695
⑤ 934
⑥ 747
⑦ 1731
⑧ 269
⑨ 1341
⑩ 609
⑪ 1744
⑫ 275
⑬ 1523
⑭ 469
⑮ 1358
⑯ 165
⑰ 1341
⑱ 296

110쪽 Ⓑ

① 228
② 662
③ 569
④ 393
⑤ 1332
⑥ 233
⑦ 1351
⑧ 136
⑨ 724
⑩ 486
⑪ 1013
⑫ 256

3 Day

111쪽 A

① 521
② 888
③ 1035
④ 744
⑤ 836
⑥ 832
⑦ 1342
⑧ 568
⑨ 1483
⑩ 358
⑪ 1253
⑫ 193
⑬ 1655
⑭ 349
⑮ 1363
⑯ 172
⑰ 1223
⑱ 288

112쪽 B

① 521
② 78
③ 565
④ 453
⑤ 1205
⑥ 299
⑦ 1005
⑧ 101
⑨ 1182
⑩ 309
⑪ 742
⑫ 53

4 Day

113쪽 A

① 1052
② 585
③ 731
④ 667
⑤ 343
⑥ 896
⑦ 1384
⑧ 319
⑨ 1657
⑩ 198
⑪ 1653
⑫ 302
⑬ 1224
⑭ 224
⑮ 1339
⑯ 267
⑰ 1422
⑱ 159

114쪽 B

① 310
② 564
③ 868
④ 221
⑤ 1241
⑥ 659
⑦ 532
⑧ 275
⑨ 811
⑩ 343
⑪ 1203
⑫ 73

5 Day

115쪽 A

① 747
② 677
③ 1053
④ 788
⑤ 433
⑥ 359
⑦ 1254
⑧ 239
⑨ 1264
⑩ 166
⑪ 1341
⑫ 289
⑬ 1345
⑭ 196
⑮ 1758
⑯ 43
⑰ 1436
⑱ 347

116쪽 B

① 702
② 389
③ 377
④ 522
⑤ 1331
⑥ 84
⑦ 425
⑧ 399
⑨ 1377
⑩ 226
⑪ 675
⑫ 364

2학년 방정식

구하려고 하는 □의 값이 전체일 때에는 덧셈식으로 만들고, □의 값이 부분을 나타낼 때에는 전체에서 다른 부분을 빼는 뺄셈식으로 만들면 됩니다. 덧셈에서는 받아올림, 뺄셈에서는 받아내림의 계산 실수가 없도록 주의합니다.

1 Day

119쪽 A

① 700−500, 200
② 957−416, 541
③ 528−273, 255
④ 761−309, 452
⑤ 845−568, 277

120쪽 B

① 241
② 210
③ 146
④ 328
⑤ 178
⑥ 499
⑦ 383
⑧ 304
⑨ 575
⑩ 156

2 Day

121쪽 A

① 600−200, 400
② 463−152, 311
③ 751−409, 342
④ 938−754, 184
⑤ 876−298, 578

122쪽 B

① 303
② 86
③ 729
④ 331
⑤ 68
⑥ 557
⑦ 253
⑧ 306
⑨ 277
⑩ 195

3 Day

123쪽 A

① 800－400, 400
② 537－116, 421
③ 982－493, 489
④ 658－274, 384
⑤ 785－329, 456

124쪽 B

① 113
② 85
③ 136
④ 163
⑤ 599
⑥ 129
⑦ 93
⑧ 358
⑨ 175
⑩ 279

4 Day

125쪽 A

① 200＋300 또는 300＋200, 500
② 413＋225 또는 225＋413, 638
③ 752＋164 또는 164＋752, 916
④ 638＋437 또는 437＋638, 1075
⑤ 376＋856 또는 856＋376, 1232

126쪽 B

① 977
② 1209
③ 620
④ 1421
⑤ 1022
⑥ 1293
⑦ 498
⑧ 921
⑨ 1405
⑩ 1331

5 Day

127쪽 A

① 354
② 632
③ 488
④ 217
⑤ 275
⑥ 175
⑦ 447
⑧ 777
⑨ 1400
⑩ 1084

128쪽 B

① 예 □＋226＝474, 248
② 예 □－374＝146, 520
③ 예 235＋□＝420, 185

수고하셨습니다.

다음 단계로 올라갈까요?

기적의 계산법